파빌리온,
도시에 감정을 채우다

천막부터 팝업스토어까지

파레르곤 포럼 기획

송하엽, 최춘웅, 김영민, 소현수, 정다영, 조수진, 함성호,
조현정, 이수연, 김희정, 최장원 지음

● 홍시

추천의 글

파빌리온은 건축의 본질이자 시작

재미있는 책이다. 어렵지 않고 친절하다. 주변부를 자처하는 파르레곤 포럼의 멤버들이 파빌리온을 주제로 건축의 주변을 이야기한다. 그들이 가설의 전시관 등으로 익숙한 이름, 파빌리온에 주목하는 이유는 그것에서 건축의 또 다른 가능성을 발견하려는 것일 터이다. 책의 흐름이 파빌리온의 역사를 훑어 내려 이해를 돕고, 또 우리 것을 파빌리온으로 번역하는 것에 인색하지 않아 즐겁다. 원시의 오두막에서 박람회의 전시관까지 망라하고 설치작업에 이르기까지 외연을 넓혀 끌어들인다.

글들을 따라가다 보니 문득 파빌리온은 건축의 주변이 아니라 건축의 본질이자 시작이 아닐까 하는 생각이 든다. 바이올린은 처음부터 관현악에 등장한 것이 아니며 바흐의 화성과 대위법도 한순간에 만들어진 것이 아니라 원초적인 민요이거나 농요로부터 일구어진 결과일 것이다. 클래식의 규범처럼 건축이 지금의 형식을 갖춘 것은 그리 오래지 않다. 동굴에서 나온 건축의 시작은 누추하고 어설픈 움막이었다. 그것이 격식을 갖추어 오늘의 모습으로 나타나기까지 건축을 향한 수많은 시도—파빌리온들이 세워졌다가 사라졌을 것이다. 그것은 건축이 진화하는 과정과 궤를 같이 한다.

오늘의 우리에게 파빌리온이 가까이 다가오는 것은 진화에 대한 시도가 갈급하기 때문이다. 건축의 생산이 양과 기술에만 몰두해 온 결과를 우리의 현대라고 한다면 이제 준비해야 하는 것은 질과 정신이 아닐까. 파빌리온은 건축이 꿈꾸는 대안의 제시일 수 있다. 한시적인 것이라 해서 과감할 수 있는 것이 아니라 우리의 내일을 만들 진화의 시도로 용감해질 필요가 있다. 생태계의 진화에서 돌연변이가 한 축을 담당했듯이 우리의 공간문화에 어떤 변이가 발생할지 기대를 모아 보고 싶다. 이 책이 그 도화선이 될 수 있을 것이라는 희망을 숨기지 않으려 한다.

김인철 아르키움(Archium) 대표 건축가

파빌리온은 새로운 가능성을 낳는 장소

파빌리온은 건축물의 기능적 용어이다. 역사적으로 다양한 임시 사용 공간들을 천막부터 정자, 서커스장, 팝업 스토어나 〈프라다 트랜스포머〉까지 다양한 형식의 네이밍을 통해 수용해 왔다. 이들은 당대의 도시가 제공해 주지 못하던 부재와 현전, 구조와 탈구조, 일상과 비일상, 임시성과 영속성의 틈새를 채워 주는 게릴라 역할을 했다. 이들이 현대 도시에서 다시 주목받는 이유는 역사성과 합리성으로 구조화된 도시가 주는 경직성을 탈피하고 새로운 감수성을 주는 작지만 강한 강소 랜드마크의 열망으로 표출되고 있기 때문이다.

파빌리온 건축은 도시의 새로운 감성을 수용하며 미래 기능에 대한 새로운 잠재성을 보여 주는 장치라고 할 수 있다. 상업적으로는 불법 가판대나, 장터의 천막이며, 팝업 스토어가 될 수 있고 이들이 잠재된 수요와 반응하면 점화되어 고정된 가로 몰의 건축으로 구현되기도 한다. 원래 마이크로소프트나, 애플의 창업도 차고에서 이루어졌다면 주택 내의 파빌리온 역할이 이런 차고라 할 수 있다. 파빌리온은 새로운 가능성의 잠재태를 잉태하는 공간이어서 무수한 도시건축의 법망으로 창발을 막는 우리 도시의 미래를 위해 더욱 절실한 낯선 실험공간이자 새로운 형식의 공유공간이다. 우리 도시에 새로운 파빌리온의 출현은 도시공간에 또 다른 잡스들의 등장을 예고하는 촉매제가 되길 기대해 본다.

천의영 광주폴리Ⅲ 총감독, 경기대학교 교수

유약하여 다채로운 존재의 참모습을 만나라

해체될 운명을 탄식 없이 받아들이느라 깊이 뿌리내리는 대신 조립식 부재로 얼기설기 엮어 지었던 은자의 오두막은 본래는 이 땅의 것에 마음을 두지 않는다는 징표였다. 적어도 그 은자에게는—예를 들면 가모노 조메이 같은 중세의 승려 말이다—문명의 대척점에 서서 탈도시의 상징이었던 파빌리온이 이제는 '무거운' 건축을 제치고, 자신의 유약한 존재감을 역으로 무기 삼아 한껏 그 존재감을 극대화하고 있다.

이 책은 이 카멜레온 같은 파빌리온을 둘러싼 문화현상을 지적인 예민함으로 포착한다. 잡힐 것 같지 않은 파빌리온을 정치, 역사, 경제, 건축, 도시, 조경, 미술 등의 영역을 넘나들며 손에 잡힐 듯이 보따리를 펼친다. 파빌리온은 서 있는가 싶더니 어느덧 흩어지는 구름 같은 순간의 존재인지는 모르겠으나, 이 책은 건축과 도시의 변태, 그리고 시대성이라는 화두와 연결 지어 파빌리온을 둘러싼 문화현상을 진지하게 탐구하고자 하는 이는 두고두고 들여다봐야 할 나침반이다. 보따리를 풀어 보면 깊은 성찰에 기초한 아이디어들이 가득하다. 여러 골목길이 겹치는 곳에서 길 하나를 고르고 걸어가다 보면 초입에서는 볼 수 없었던 경이로운 한 세상이 열리듯이, 어느 아이디어든 골라서 따라 걷다 보면 부재하는 실체성, 불완전성, 추상성, 이동성, 일시성, 비표상성, 유동기표로서의 가능성 등을 기반으로 다채로운 존재감을 드러내는 파빌리온의 진상을 만나게 된다.

백진 서울대학교 교수

차례

프롤로그

파빌리온은 도시의 작은 랜드마크다   18

- 파빌리온, 도시를 바꾸다
- 도시의 숨구멍과 같은 파빌리온

1   역사의 파빌리온: 잊혀진 기억과 정신

황제의 파빌리온부터 은둔자의 오두막까지   32

- 파빌리온은 보자기다
- 파빌리온과 정원
- 알렉산더의 텐트와 교황의 캐노피
- 베르니니의 발다키노
- 상여
- 중세부터 파빌리온으로 불리우다
- 신비주의의 오두막
- 파빌리온은 썸타는 곳?

폴리: 욕망의 피신처에서 저항의 매개체로   56

- 폴리
- 사랑의 신전
- 작은 집
- 건축적 가설, 욕망에서 저항으로
- 가장자리 건축
- 임시건축
- 구호건축
- 저항의 매개체

2 우리의 파빌리온: 파빌리온과 문화

누정의 역설: 무위의 경계에서 인위를 얻다   82

- 파빌리온과 누정
- 출처사은出處仕隱, 선비의 삶
- 누정에 담긴 은일隱逸 문화
- 두 가지 자연과 정원
- 누정에 앉아 무위無爲를 통해 인위人爲를 취하다
- 낙화落華, 선비 문화가 지다

가건물의 시대: 판자촌에서 모델하우스까지   100

- 우리 사회의 숨은 파빌리온을 찾아서
- 생존을 위한 저항, 판자촌
- 이동시청, 가건물 처리를 위한 가건물
- 불시착한 문화의 창발 기지, 쿤스트디스코
- 진화하는 모델하우스
- 가건물은 깊다

기억의 場: 中의 공간, 空의 가능성 – 광주폴리   124

- 역사가 아니라 기억이다
- '기억의 장'으로서의 광주폴리
- 비장소성 – 圖可圖非常圖 design is design is not design

3 진화하는 파빌리온: 이벤트에서 성찰로

만국박람회와 파빌리온   142

- 파빌리온, 나비 같은 건축을 꿈꾸며
- 런던 만국박람회의 수정궁, 철과 유리의 하이테크 궁전
- 바르셀로나 파빌리온, 모더니즘의 건축의 정전
- 필립스 파빌리온, 건축의 한계를 넘어서
- 대한제국관, 파리에 세워진 근정전

· 오사카 만국박람회의 한국관,
  현대적인 파빌리온으로 미래를 겨루다
· 박람회의 쇠퇴와 파빌리온의 변용

미술과 파빌리온: 마주하는 경계   170

· 마주하는 경계
· 기억으로서의 장소
· 일상의 개입
· 파빌리온에서 관계 맺기
· 심리적인 파빌리온
· 공감각의 파빌리온
· 사회를 읽는 소프트웨어로서의 파빌리온
· 제3의 매체로서의 파빌리온
· 경계의 밖을 소환하는 파빌리온

파빌리온에 비친 시대의 자화상   194

· 21세기형 파빌리온 태동, 서펜타인 갤러리 파빌리온
· 브랜딩 건축, 이미지 메이커로서 파빌리온
· 지역을 알리는 건축에서 지역 속 건축으로
· 젊은 건축가의 파빌리온
· 임시거처를 위한 건축
· 빛을 발산하는 건축에서 어둠을 발견하는 건축으로

에필로그

도시에 저항하는 돈키호테   238

· 파빌리온은 도시에 착생한다
· 파빌리온은 도시에 새 옷을 입힌다

· 주석   249
· 도판 출처   255

파빌리온은 도시의 작은 랜드마크다

파빌리온, 도시를 바꾸다

'파빌리온pavilion'은 무엇일까? 파빌리온의 원래 의미는 온전한
건축물이 아닌 가설 건물이나 임시 구조체를 뜻하는 말이다.
영구적으로 지어진 것이 아니기 때문에 기능적으로도 모호하고
용도가 변화무쌍한 건축물이다. 최근에는 우리가 예상치 못한
도시 곳곳에서 파빌리온이라는 단어가 심심찮게 등장한다. 그 이유 중
하나는 예술가들의 활동을 통해 그 자체가 하나의 '작업'으로
조명받고 있기 때문이다. 특히 최근 서울 중심부는 파빌리온 건립이
뜨겁다. 국립현대미술관 서울관에서는 <젊은 건축가 프로그램Young
Architects Program>이란 이름으로 매해 파빌리온이 들어서고 있다.
2014년에 세워진 <신선놀음>은 정적인 미술관 마당에 경복궁을
둘러싼 인왕산과 북악산의 기운을 재현하며, 신비한 놀이공간으로
활력을 불어넣었다. 올해 당선작 <지붕감각>은 전통건축에서도
극적인 요소인 '지붕'을 부각시켜 현대 도시에서의 치유를 강조했다.
마찬가지로 서울 도심에 위치한 성공회 성당 앞의 옛 국세청
별관 대지에도 <럭스틸 마운틴LUXTEEL Mountain>이라는 파빌리온이
지어졌다. 럭스틸 마운틴은 본격적인 공사를 위한 문화재 발굴에
앞서 시민을 위한 불확정적인 공간으로 일종의 예고편처럼
서울의 건축문화를 알리는 장으로 쓰이고 있다. 이처럼 파빌리온은
축제를 담는 색다른 공간 이상으로 도시를 탈바꿈하는
기회를 제공한다.

　　말 그대로 가설이기에, 특별한 목적이 없기에 큰 관심 대상이
아니었던 파빌리온이 문화적으로 새롭게 주목받고 있다.
파빌리온이라는 이름을 건 임시 구조물들이 미술관 내외부와 도시
중심을 점유하고 있는 현상은 우리에게 파빌리온이란 무엇인지를
다시금 질문하게 했다. 미술관 바깥에서도 파빌리온은 팝업 스토어,
홍보관, 쉼터 등과 같이 여러 가지로 모습을 달리하며 견고한 도시의

틈새를 채우는 게릴라 같은 역할을 한다. 그렇다면 과연 파빌리온이란 공간 혹은 장소는 우리에게 어떤 이야기를 전하고 있는가?

건축과 미술을 비롯한 시각예술 분야에서 파빌리온은 경계를 허무는 매개체이다. 사회적으로는 뚜렷한 용도를 담지 않는 건축물이기에 복잡한 현대 사회의 다양한 요구들을 시의적절하게 담을 수 있는 곳이다. 민관이 펼치는 여러 문화사업의 한가운데에 파빌리온은 유용한 방법론을 제공한다. 임시성, 가변성, 융통성 등 파빌리온이 가진 본질적인 속성들은 여러 전문 분야와의 협업을 가능하게 하며, 빠른 속도로 모습을 바꾸는 우리 사회의 구조적인 특징과 잘 맞아떨어지기 때문일 것이다. 앞서 언급한 것처럼, 파빌리온은 폴리, 키오스크 등 다양한 이름으로 확장하며 최근 우리 문화예술계를 달구고 있음이 분명하다.

이 책은 이러한 다양한 사건을 담아내는 파빌리온을 건축, 미술, 조경 등 여러 문화적 시각으로 살펴보고자 기획되었다. 파빌리온에 대한 뜨거운 관심을 약간의 거리를 두고 바라보며, 그것에 대한 찬사나 표면적인 스케치보다는 과거부터 오늘에 이르기까지 파빌리온을 견인했던 인간의 욕망과 실험정신에 집중한다. 우리는 파빌리온을 시점과 장소를 달리하며, 때로는 통시적으로 때로는 미시적으로 살펴보고자 했다. 빈약한 파빌리온의 담론에 한 켜를 얹어 파빌리온의 가능성이 좀 더 풍부해지길 바라는 믿음을 품은 채 말이다. 파빌리온의 기원은 어디서 왔는지, 그 안에 내재된 정신은 무엇인지, 근대 이전과 이후 그리고 동시대 사회와의 접점을 모색하는 파빌리온의 양태를 살피며 파빌리온이 진화하는 궤적들을 들여다보았다. 파빌리온이 건축이라는 형식을 벗어나 우리 도시에 어떤 영향을 미치고 있는지, 파빌리온의 숨은 잠재력은 무엇인지, 그것의 작동 방식은 적절한지 등의 질문들을 품고서 책은 여러 갈래의 이야기를 펼친다.

Dynamic Relaxation
국형걸, 2015
올림픽공원
소마미술관 앞 설치 후
광주비엔날레로 이동.

Dancing Forest
염상훈&이유정, 2015
구 서울역 앞
광장 설치.

도시의 숨구멍과 같은 파빌리온

럭스틸 마운틴
운생동, 2015
구 국세청 별관
부지에 설치.

지붕감각
SoA, 2015
국립현대미술관
서울관 마당에 설치.

파빌리온은 인간이 집을 짓기 시작한 원시시대부터 그 기원을 찾아볼
수 있다. 태초의 인간은 비와 추위를 피해 최적의 거처를 만들기 위해,
집을 가설의 공간에서 시작해 끝없이 완성해 가는 과정의 대상으로
삼았다. 집과 집이 모인 군락에는 공동 작업장처럼 모임 장소들이
만들어졌고, 주변에는 가족을 기리는 무덤과 같은 곳이 생겨났다.
한 도시에서 공간의 성격이 풍부해져 갔다. 이렇게 파빌리온은 먹고
사는 문제를 떠나 인간으로서 다른 지평을 생각하는 마음에서
출발한다. 동물의 본능을 넘어선, 인간의 다양한 감정과 바람을
만족시키는 새로운 도구로서 파빌리온은 시작된 셈이다. 이곳에서는
서로 만나서 기쁨을 나눌 수 있었다. 혹은 가 보고 싶은 땅과 집을
재현하는 곳이었다. 파빌리온은 근대 이전에는 귀족을 비롯한 소수
계층을 위한 장소로 이상향을 그리는 장소였다. 반면 근대에는
보다 많은 사람들이 즐길 수 있는 장소가 되어 갔다. 공원에 놓인
파빌리온은 시민 다수가 여가를 즐기는 곳으로 발전했다. 이곳은
많은 사람들이 다른 문명의 문화를 즐기는 장소가 되었다. 중국의
파고다, 태국의 파빌리온 등 실크로드 이후 개척된 동양문명의
이국적 찬란함을 즐기도록 보편화된 것이다. 이그조틱exotic한 문화를
다수가 편히 향유하는 시스템으로 바꾸면서 파빌리온은 식민지의
문화유형을 선보였다. 반대로 식민지에서는 점령국의 문화유형을
선보이는 곳으로 이용되었다. 어떤 식으로든지 근대에 들어
파빌리온은 한 도시에는 없었던 새로운 물건을 선보이는 장소였다.
아케이드나 엑스포 파빌리온이 대표적인 예이다.

　　근대주의가 만든 오늘날 도시의 네 가지 기능인 생산, 소비, 여가,
거주를 위해 마치 영화 <설국열차>처럼 궤도 이탈을 하지 못하는
공간에서 오늘날 파빌리온 문화는 도시의 숨구멍과 같다. 이미 뭔가
새로운 것이 들어올 틈이 없는 현대 도시의 촘촘한 그물망 속에서

파빌리온은 더욱 빛을 발한다. 예전부터 자연과 사람을 이어 주는
역할을 했던 파빌리온은 이제 그 자체가 담고 있는 문제의식과
만들어지는 과정에 집중한다. 예술과 만나면서 잠재해 있던 실험과
저항정신이 극대화되고, 여러 분야의 협업과 학제 간 시도를
통해 상상력을 촉발한다. 반면 제대로 기획되지 못한 무분별한
파빌리온은 오히려 도시의 감정을 메마르게 한다. 자본과 만나
고도화된 소비 공간으로도 활용되기도 하지만 우리의 윤리의식을
자극하는 성찰의 장소로도 기능한다. 예술이 '낯설게 하기'를 통해
현실을 환기하는 것이라면, 파빌리온은 도시의 골목을 돌아서면
맞닥뜨리는 궤도 이탈 장치와 같다. 파빌리온은 한 시대마다 새로운
장치에 낯선 기능을 더해 추억을 남기고 사라지는 운명을 지녔다.

파빌리온에 대한 이와 같은 관심에 의해 파레르곤 포럼이
건축과 도시에 대한 연구 세미나를 진행하면서 이 책이 시작되었다.
파레르곤parergon 포럼은 '주변부'를 뜻하는 이름대로 대안적인 건축
활동을 모색하는 학자, 건축가, 큐레이터가 모인 연구 모임이다.
건축의 영역을 확장하는 매체와 이야기에 관심을 갖고 있는
연구자들은 주류 건축의 대안으로서 파빌리온에 흥미를 가지게
되었다. 도시의 결핍을 채우고, 매개자의 역할을 하는 이 작고도 약한
장소의 가능성을 찾아보고 싶었다. 그리고 좀 더 다양한 시각에서
이 내용을 논의하기 위해 건축, 미술, 조경 분야의 전문가 여러분을
초대했다. 일반인들에게는 아직 낯설 수도 있는 파빌리온이라는
대상을 위해 각 필자들은 역사적으로 의미 있는 파빌리온 사례들을
드러내고 그것들이 비추는 이야기들을 풀어 주었다. 글에 등장하는
파빌리온 프로젝트가 담고 있는 시대정신과 배경들은 당시 사회와
문화를 반영하는 또 다른 거울이기도 하다.

책은 세 가지 큰 줄기로 구성되어 있다. 1부 <역사의 파빌리온:
잊혀진 기억과 정신>에서는 주로 현대적인 영역에서만 해석되었던

링돔
조민석, 2014
플라토 미술관
내부에 설치.

Architecture and
Empowering
이동욱, 2014
부산

Pergola, 바우지움
김인철, 2015
바우지움 조각
미술관 외부에 설치.

파빌리온의 역사적 기원을 들추고 그것이 오늘에 이르기까지 어떻게
영향을 미치고 있는지 살펴본다. 또한 주류 건축의 대안적 공간으로서
파빌리온이 담고 있는 정신이 무엇을 지향하는지 들여다보았다.
2부 <우리의 파빌리온: 파빌리온과 문화>는 파빌리온이 단순히
현대적인 산물이거나 서양의 그것만은 아님을, 파빌리온이 내재한
본질적 특성들이 어떻게 우리 사회에서 물리적으로 혹은 정서적으로
안착되었는지 살펴본다. 조선시대의 정자에서, 1960~70년대 국가
개조와 개발 붐 속에서 피어오른 가건물에 대한 이야기와 2010년
광주 구도심 재생을 위해 기획된 광주폴리까지 우리 땅에 자리 잡은
파빌리온의 흔적들과 의미를 들춰본다. 3부 진화하는 파빌리온:
이벤트에서 성찰로>에서는 파빌리온이 박람회 국가관처럼 특정
목적을 소화하는 효율적인 구조체에서 저항의 도구이자 여러 분야의
경계를 확장하는 매개체로서 어떻게 진화하고 있는지, 그리고
그 자체가 성찰을 위한 도구이자 도시의 소규모 랜드마크로 어떻게
기능하고 있는지 최근 사례들을 통해 살펴본다. 이 글들이
한 권의 책으로 묶이기 위해 출판사 홍시 편집부의 힘이 컸다.
조용범 편집장은 2015년 우수 출판콘텐츠 제작 지원 사업에 문을
두드리는 일부터 시작해 많은 과정들을 함께하였다. 또한 책에
수록된 파빌리온의 다양한 모습들을 도판으로 수록할 수 있도록
사용을 허락해 준 사진작가, 이미지 제공을 협조해 준 관계자
여러분께 감사한다.
　　아직 이론적으로 파빌리온은 미지의 영역이기에 개념의 정의나
역사적 서술의 과정에서 필자들 간의 차이나 의견 충돌이 있을 수
있다. 또한 파빌리온 개념을 좀 더 잘게 쪼개면서 폴리, 키오스크,
가건물 등 여러 단어로 서술되어 독자에게 혼란을 줄 수도 있겠다.
하지만 각 단어가 담고 있는 뉘앙스 차이로 인해 획일적으로
통일하는 것은 불가능했고, 각 글에서 적절하게 논의되는 것이

큐브릭
김찬중, 2012
서울대공원 설치.

Cube de Eiffel
송하엽과 아이들
(중앙대학교), 2013
대학생 건축과 연합,
파빌리온 최우수상
홍익대학교 걷고 싶은
거리에 설치.

옳다고 생각했다. 한편으로 책에서 논의되는 이야기들이 분야별로
다양한 만큼 한쪽으로 수렴되지 못할 수도 있다. 하지만 이 모든
이야기들이 서로 대립하거나 비교하기 위한 것이 아니라, 다양한
이야기들을 포괄하여 좀 더 생산적인 논의를 끌어내기 위함임을 미리
밝혀두고자 한다. 중요한 것은 파빌리온이 오늘날 복잡한 도시를,
혹은 더 이상 성장을 멈추고 늙어버린 도시를 채우는 상상력의
산물이라는 점이다. 앞으로 촉발될 도시의 많은 파빌리온 프로젝트를
준비하는 작가나 이를 기획하는 이들에게도 이 책이 도움이 되면
좋겠다. 일반 독자들에게는 이 책이 파빌리온이라는 도시의 작은
무대를 좀 더 새롭게 보고 아는 계기가 된다면 더할 나위가 없겠다.
책의 여러 한계들이 앞으로의 학제 간 연구를 통해 보완되었으면 하는
바람이다. 도시의 시공간을 채우는 파빌리온의 가치와 숨은 의미,
혹은 비평적 태도들을 많은 이들이 발견하고 공유할 수 있게 되기를
기대해 본다.

2015년 12월,
필자들을 대신하여
파레르곤 포럼 씀

1 역사의 파빌리온

잊혀진
기억과 정신

황제의
파빌리온부터
은둔자의
오두막까지

송하엽

폴리: 욕망의
피신처에서
저항의 매개체로

최춘웅

글. 송하엽

황제의
파빌리온부터
은둔자의
오두막까지

최고 권력자를 위해 야외에서 그림자를 드리우는 도구로
파빌리온은 만들어졌다. 또한 저승세계로 가는 배와 같은 도구로,
영혼을 달래기 위해 만들어졌다. 중세시대부터 파빌리온이라는
이름이 붙어 큰 텐트와 같이 이용되었으며, 화려한 장식으로
체면치레를 보여 주기도 하였다. 마치 옷처럼 새로운 디자인으로
이국적인 파빌리온의 모양을 흉내 내기도 하였다. 집이나 건물이
일상이라면 파빌리온은 특별한 날의 외출 같은 것이었다.
그런 외출 같은 상황이 보다 일상화된 것은 정원에서의 정자 같은
파빌리온이다. 파빌리온은 정원의 신비감을 더하기 위한 장치로
선택되었다. 본인의 정원에서 사람들은 황제에 빙의하거나,
고독을 씹는 가을남자와 같은 은둔자의 오두막을 만들기도 했다.

파빌리온은 정원에서, 들판에서 분위기를 형성하는 도구였다.
왜냐하면 벽이 없는 구조물로 안과 밖의 시선의 소통을 용이하게
만들었기 때문이다. 고독을 위해, 사랑을 나누기 위해, 풍경을
즐기기 위해, 연회를 위해 파빌리온이 활용되면서 일상에서 벗어난
생활을 영위하는 감성적 장치로 쓰여졌다.

1

2

파빌리온은 보자기다

우리는 임시적인 구조나 가건물 등을 보거나 경험할 때 짧은 시간을
들여, 편의적으로, 쉽게 만들어졌다는 인상을 받는다. 파빌리온은
일종의 보자기 같은 것이다. 태곳적부터 아끼는 물건을 감싸는 데
가죽이나 보자기를 사용해 왔듯이 파빌리온이라는 구조물은 그 아래
사람을 위한 것으로 재빨리 만들어지는 것이었다. 천막이나 커튼
같은 것 말이다. 사람의 몸을 보호하는 것은 옷, 물건을 감싸는 것은
보자기, 임시적으로 사람들이 햇빛과 비를 피하는 것은 천막이나
우산이다. 즉, 태곳적부터 쉽게 만들 수 있는 것으로 가건물은
시작된 것이다. 넓은 나뭇잎, 부드러운 가죽, 실로 짠 옷, 천막 등이
가장 먼저 찾아지는 손쉬운 소재들이다. 파빌리온은 이렇게 가벼운
재료들이 나무와 돌 같은 기둥들에 걸쳐져서 그 아래 사람이 있을
수 있도록 만들어졌다. 파빌리온의 실체는 천이 매달린 기둥 있는
침대와 거의 비슷했다. 그 아래 왕이나 종교 지도자가 앉거나, 시장
좌판이 벌어지며, 사람들이 앉아 얘기를 나누고, 또한 축제의 장이
되는 모습이었다. 마치 위에서 보면 천으로 된 파빌리온이 사람들을
보자기처럼 가려 주고 있는 형국이었다.

보자기를 접었다 폈다 하듯이, 파빌리온도 개념적으로 접었다
폈다 할 수 있는 가건물이다. 행사를 위해 만들어지는 파빌리온은
해마다 생일이 돌아오듯이 때가 되면 마련했다가 다음 사용을 위해
정리해 놓아야 할 구조물이었다.

파빌리온과 정원

파빌리온은 언제 시작되었을까? 비를 피하고 안식처를 만들어야
했던 인류가 마련한 가건물, 즉 원시 오두막은 한 자리에 오래
있기보다는 보호가 잘 되는 좋은 자리를 찾아서 끊임없이
움직였다. 농경의 결과로 곡식이 저장되고 물물교환에 따른 잉여가

생기면서부터 인류에게는 먹고 사는 것 이상의 다른 가치가 생겼다.
사람들은 휴식과 잉여를 즐기거나, 교류하고 환대를 하게 되고, 또한
토론을 하게 된다. 공간을 싸는 보자기와 같은 파빌리온의 시작은
바로 이 지점이다. 잉여로운 삶, 풍요의 삶, 만남의 삶, 그리고 축제를
위한 도구!

   기원전부터 융성한 티그리스강과 유프라테스강 사이의
바그다드, 예전의 바빌론에는 물이 많아 세계 7대 불가사의의 하나인
<공중정원>이 있었다. 테라스 층층에 만들어진 정원에는 강에서
비롯된 물이 내려오며 정원을 적시고 사람들은 문명을 형성하였다.
천국은 정원으로 재현되었고, 언제부터인가 정원에는 파빌리온이라는
오두막 같은 것이 지어지기 시작했다. 파빌리온은 신전의 모습과
닮은꼴이었으며, 정원, 물, 자연이 어우러진 천국과 같은 곳에 있는
작은 지붕으로 만들어졌다. 정원을 거니는 사람은 그림자가 드리운
파빌리온 아래서 대리천국을 즐기는 것이었다. 파빌리온 아래에는
테이블이 놓여 자연에 대한 찬사도 바칠 수 있는 곳이었다. 오직
왕만이 즐길 수 있는 그곳의 정원과 오두막은 파라다이스에 있는
자연과 파빌리온을 꿈꾸는 이상향과 같은 곳이었다.

알렉산더의 텐트와 교황의 캐노피

파빌리온의 지붕은 다양한 방식으로 만들어졌다. 소재는 천이나
가벼운 갈대였는데, 그 모양은 문화가 전파되듯이 견문과 교역을
통해 다양해졌다. 아시아 유목민의 집으로 쓰이던 텐트는 페르시아의
아케메니드Achaemenid, 550-330 BC 왕조에 의해 큰 텐트로 발전하였고
그들은 그것을 천국heaven이라 불렀다. 알렉산더 대왕은 페르시아를
정복했을 때 그 텐트에 하늘의 모습이 그려져 있는 것을 보고
감명받았다 한다. 그들은 서로 황제와 왕조의 관계를 유지하며
알렉산더 대왕과 페르시아의 왕과의 만남의 장소를 천으로 된

3

3

페르시아의 아케메니드 왕조의 3대 왕으로 불리는 다리우스 대제는 페리스폴리스, 수사, 바빌론, 이집트에 큰 궁전을 지었다. 도판은 다리우스 대제의 사신 접견용 텐트를 묘사한 것이다.

4

티그리스강과 유프라 테스강 사이의 바빌론 에는 물이 많아 세계 7대 불가사의의 하나인 <공중정원>이 있었다. 테라스 층층의 정원과 파빌리온에는 강에서 품어올린 물을 흐르게 하여 정원을 적시었다.

4

5

6

7

파빌리온으로 상징화하였다.

　　또한 시선을 가리기 위해서도 천이 커튼으로 쓰였다. 캐노피로 쓰이던 천은 기독교회 이후 성당의 제단을 가리기 위해서도 쓰였다. 왕과 황제를 위해 품격이 더해졌다면, 교황을 위한 제단은 최대한의 의미와 품격을 더해서 이루어졌다.

　　유럽의 교회에서 이용된 키보리움Ciborium은 공교롭게도 두 가지의 의미를 지녔다. 성체를 담는 성합의 의미와 동시에 재단의 캐노피인 닫집의 의미가 있다. 결국 중요한 성체를 모시고 교회 수장의 행차를 화려하게 하는 것이다. 키보리움의 어원은 그리스어인 'kirorion'으로 컵과 같은 의미이며 성체를 담은 키보리움을 뒤집으면 재단의 캐노피와 같은 형국이 되었다.

　　로마에서는 캐노피를 지칭하는 단어로 키보리움 대신 발다키노Baldacchino란 말이 쓰였다. 이태리어로 바그다드를 발타코 Baldacco라고 부르며 발다친은 페르시아의 텐트처럼 천으로 된 캐노피에서 시작하여 보다 딱딱한 재료로 변모한 것이다. 영어로도 'baudekin'이라 불리며, 바그다드에서 만들어진 호화로운 천의 의미로, 왕좌를 장식하거나 행렬에 쓰이는 천 같은 것이었다. 중세에도 권위의 상징으로 위계를 나타내는 데 천으로 된 캐노피가 종종 쓰였다. 발다키노는 높은 교회 건물 천장에서 석회와 먼지들이 떨어져 중요한 성물에 손실을 끼치는 것을 방지하려고 만들어진 것이기도 하다. 유지 관리가 안 되는 천장 때문에 고안된 집 속의 집과 같은 것이다.

베르니니의 발다키노

발다키노 중에 제일 유명한 것은 성 베드로 성당에 있다. 교황이 미사를 집전할 때 제단이 되는 이 발다키노는 베르니니Gian Lorenzo Bernini가 26세 때 만든 첫 번째 걸작이다. 금박으로 장식된 소용돌이

5
아시아 유목민의 집으로 사용되던 텐트는 페르시아의 아케메니드 왕조에 의해 큰 텐트로 발전되었고 그들은 그것을 천국이라 불렀다. 알렉산더 대왕은 페르시아를 정복했을 때 그 텐트에 하늘의 모습이 그려져 있는 것을 보고 감명받았다.

6
유럽의 교회에서 이용된 키보리움은 두 가지의 의미를 지닌다. 성채를 담는 성합의 의미와 동시에 재단의 캐노피인 닫집의 의미가 있다. 도판은 도메니코 베카푸미의 습작 노트에 그려진 키보리움(성합).

7
사리기의 형식이 마치 부처가 보리수 아래의 집에 있는 형국으로 서양의 발다키노와 같은 모습이다. 감은사 터 동탑 사리기(682년경 제작, 보물 1359호).

기둥이 상단의 캐노피를 지지한 황동 구조물은 웅장하다. 그에게
발다키노를 의뢰한 교황 우르바노 8세 가문인 바르베리니가Barberini
family 문장(세 마리 벌)이 새겨진 흰색 대리석 주춧돌 위에 소용돌이
기둥이 올라가 있다. 기둥 위는 37톤이나 되는 장식이 아주 가벼운
듯 만들어져 있다. 하얀 비둘기는 성심을 상징하고 네 천사는 화관을
들고 있다. 교황청을 상징하는 티아라tiara, 열쇠들keys, 검sword,
그리고 복음서the Gospel를 들고 있다. 29미터 높이에 있는 지구본
위에는 십자가가 새겨져 있다.

    1624년에 시작한 발다키노 작업은 9년이 걸렸다. 지금까지
세계에서 제일 큰 황동 작품이기도 하다. 베르니니는 경쟁 관계에
있던 보로미니와 코토나를 제치고, 교황청의 총애를 받는 건축가로서
성 베드로 광장을 설계하기도 했다.

    성 베드로 성당의 발다키노는 교회의 중심에 있는 돔의 바로
아래에 위치해 있다. 그곳의 바로 밑에는 베드로 성인의 무덤이 있다.
성당의 거대한 공간과 미사를 드릴 때의 상대적으로 작은 사람들의
모습을 중재해 주고 있는 것이다. 예수는 십자가를 지게 되었지만,
예수와 현세를 잇는 첫 번째 제자 베드로의 집, 성 베드로 성당 안에는
살아있는 베드로라 할 수 있는 교황이 앉는 의자가 있고, 그 의자와
제단을 덮어 주는 것이 바로 닫집이다. 닫집은 성당의 큰 공간에서
구심점이 되며, 종교적인 상징으로 스스로를 장식한다.

    4개의 기둥은 20미터 높이이고 구불구불한 기둥의 모습은
콘스탄티누스대제가 예루살렘의 솔로몬의 신전에서 가져왔을
것이라고 추정되었던 기둥의 모습과 같다. 코니스에는 교황청의
발다키노를 나타내는 표식으로 장식되었다. 발다키노의 천정에는
빛나는 태양이 그려져 성령을 표현하고 있다.

    37톤이나 되는 황동의 출처는 논쟁거리 중의 하나이다. 우르바노
8세가 황동을 판테온의 지붕이나 입구의 천정에서 가져온 것이라

8
로마에서 캐노피를
지칭하는 단어로
발다키노라는 말이
쓰였다. 이태리어로
바그다드를 발타코라고
부르며 발다친은
페르시아의 텐트처럼
천으로 된 캐노피에서
보다 딱딱한 재료로
변모한 것이다.
베르니니가 교황
우르바노 8세를 위해
만든 성 베드로 성당의
발다키노는 역사상
가장 유명한 것으로
일컬어진다.

짐작되는데, 우르바노 8세는 판테온에서 걷어낸 황동의 90퍼센트는 대포를 만드는 데 쓰였고 발다키노의 황동은 베니스에서 가져온 것이라 했다. 그러나 나보나 광장의 구석에 있는 말하는 조각인 파스퀴노에 붙어있는 풍자적 글은 "Quod non fecerunt barbari, fecerunt Barberini", 즉 "야만인들도 하지 않은 것을, 바르베르니가 했구나" 라고 풍자적으로 쓰여 있다. 베르니니의 발다키노 이전에도 마데르노Maderno가 만든 솔로몬의 기둥 같은 키보리움이 있었다. 베드로 성인의 상여, 즉 캐터포크와 같았고, 성인의 날에는 천으로 캐노피를 만들기도 했다.

상여

베드로 성인의 무덤 위에 놓인 닫집은 마치 베드로 성인의 상여 (캐터포크, catafalque)와도 같은 느낌을 준다. 캐터포크는 왕가의 장례식에 쓰여지던 관을 놓을 수 있는 받침대 같은 것이다. 왕의 행차에도 임시적 구조물이 만들어져서 축제를 장식하지만, 왕가의 장례식에도 상여는 화려하게 만들어져 장식되곤 했다. 유럽에서는 18세기 중반까지 바로크풍의 화려한 장례가 성행했으며, 현재도 왕가의 전통으로 남아 있다. 현재 남아 있는 도판들이 노틀담 성당이나 생드니 성당에 세워진 캐터포크의 이미지를 보여 주고 있다.

우리나라에서 꽃상여라 부르곤 하는 상여는 사실은 한 번 쓰고 태워버리는 구조로 반영구적인 나무상여에 비해 값이 싸고, 마을에서 공동으로 운영하는 나무 상여가 없을 때 쉽게 만들어져 쓰이곤 했다. 19세기 중엽에 간행된 우리나라의 대표적인 예서인 이재李縡의 <사례편람>에는 '대여(왕가에서 쓰는 상여)'라는 이름과 함께 상여라는 이름도 같은 기구를 가리키는 말로 쓰이고 있다. "대여를 사용하면 정말로 좋으나 가난한 사람은 쉽게 구비할 수 없는 점이 있으니, 일반적으로 사용하고 있는 것을 따라서 상여를 사용해도

9
한 번 쓰고 태워버리는 꽃상여는 반영구적인 나무상여에 비해 값이 싸고, 마을에서 공동으로 운영하는 나무 상여가 없을 때 쉽게 만들어져 쓰이곤 했다.

10
캐터포크는 왕가의 장례식에 쓰여지던 관을 놓을 수 있는 받침대 같은 것이다. 왕의 행차에서 임시 구조물이 만들어져 축제를 장식하듯이 왕가의 장례식에도 상여는 화려하게 만들어져 장식되곤 했다.

9

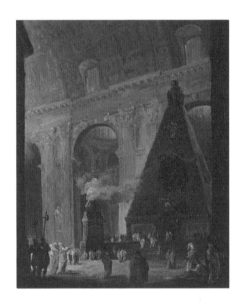

10

나무상여에 망자의 사회적 처지와 기호에 맞게 꽂을 수 있는 다양한 모양의 꼭두라는 목각인형이 있다. 꼭두는 장례의 해학을 보여 준다. 꼭두라는 말은 아주 이른 시간이나 맨 위라는 뜻으로 꼭두새벽, 꼭두각시로 쓰인다. 꼭두는 이승과 저승을 잇는 해학적인 정령이다.

무방하다."(한국민족문화대백과)고 설명하였다. 마을에서 공동으로 쓰는 상여는 곳간이나 상여집에 보관되어 있다가 장례가 있을 때 사용되곤 하였다.

상여 중에도 꽃상여가 아닌 반영구적으로 사용 가능한 나무상여에는 피안으로 가는 길을 동반하는 용마루 같은 상징물과 더불어, 망자의 사회적 처지와 기호에 맞게 상여에 꽂을 수 있는 다양한 모양의 꼭두라는 목각인형들이 장식되어 있다. 꼭두인형은 다양한 인물상을 해학적으로 표현해 만들어졌다. 꼭두인형은 저승 가는 영혼을 달래 주고 재미있게 해 주는 해학 넘치는 모습으로 상여 곳곳에 장식되었다.

흔히들 결혼할 때 꽃가마를 타고, 죽었을 때 꽃상여를 탄다고 한다. 권위 있는 사람만이 평소에도 그늘을 드리우는 차양 아래에서 움직였다면, 보통사람은 이런 특별한 날에만 누릴 수 있었던 것이다. 상여는 발다키노/캐터포크와 전혀 다른 문화의 고안물이지만 죽은 자를 기리며 그의 정신의 영속을 기원하기도 하고 죽은 자를 고이 보내는 데 쓰이기도 하듯이 기념성이 강한 일시적 구조물이다. 파빌리온이란 구조물이 정확히 언제부터 시작되었는지는 알기 어렵다. 그러나, 일상과 다른 특별한 경우에서 시작된 것임이 분명해 보이는 대목이다.

중세부터 파빌리온으로 불리우다

'집안의 집'과 같은 이미지는 여러 형식으로 다양하게 쓰인 듯하다. 집의 모습은 가구나 함에서도 보이기 때문이다. 왕과 교황이 쓰던 천국의 이미지는 세속화되면서 부자들의 정원과 집에도 놓이게 되며, 침상에까지도 그 모티브가 남발되었다. 누구나 다 왕이 되고 싶지 않았을까? 보다 종교적인 분위기에서는 믿음을 중심으로 파빌리온이 발달하였지만, 가건물로 많이 사용된 것은 텐트와 보다

11

11
<서재에 있는 성 히에로
니무스>는 안토넬로
다 메시나가 1460년경에
그린 그림이다. 성 히에로
니무스를 상징하는 책,
사자, 공작 등과 같이
그려져, 성인의 지식,
자비, 진리, 영원을
표현한다. 집 속의 집의
이미지는 파빌리온
세팅의 전형을 보여 준다.

12

큰 파빌리온의 경우이다. 파빌리온이라는 말도 13세기부터 쓰이기
시작했다. 본격적으로 야외에서 임시구조로 많이 사용되었고, 제일
호화로웠을 때는 1520년에 영국의 왕 헨리 8세와 프랑스의 왕
프랑시스 1세가 만났을 때였다. "금으로 된 천의 캠프The Field of the
Cloth of Gold"라 일컬어지는 이 만남은 정치적인 의미는 그다지 없었고,
당시에는 영국 땅이었지만 프랑스로 둘러싸인 발링헴이란 곳에서
17일간 텐트, 파빌리온, 마퀴(대형천막)로 화려하게 장식된 임시
캠프를 만들었다. 비슷한 연배였던 헨리왕과 프랑시스왕은 1514년에
조약된 영국과 프랑스의 평화협정을 유지하기 위한 만남의 장소로,
서로의 우애와 위엄을 동시에 표시하기 위해 최대한 화려하게 의전이
준비된 캠프로서 파빌리온도 최대의 규모로 만들었으며, 그래서
금으로 된 캠프라고 불리울 정도였다.

　　이렇듯 종교적인 의미보다 장식이 우세한 경우에는 파빌리온은
그 구조와 형태에 있어서 보다 더 화려하여 왕의 품격을 드높이는
데 소비되었으며, 중세 이후부터 역사에 있어서 별다른 특이점은
보여 주지 못했다. 다만 그 구조의 경우 가운데 기둥과 주변 기둥의
일반적인 구조에서 우산과 같은 바퀴형 기둥으로도 개발이 된 점이
유별했다.

　　그 규모에 있어서 커진 형태는 서커스의 텐트일 것이다. 마을을
돌아다니며 공연하는 성격상 임시구조물인 파빌리온의 형태는
피할 수 없었다. 이런 유흥을 위해 벨기에에서 19세기에 만들어진
거울텐트Spiegel Tent는 목재와 캔버스 그리고 거울과 스테인드
글라스로 만들어져 극적효과를 더하는 구조물이다. 거울텐트는
아프리카에까지 순회공연을 할 정도였다. 현대적 가설구조물과 달리
거울텐트는 축제의 기억을 되살려 주며 주어진 이벤트를 낭만적인
분위기로 만들어 주는 특징이 있다. 이러한 화려함에 대한 추구는
체면치레로 흐르기 마련이다. 집이나 건물에 있어서는 항상 보여 주고

12
서커스 텐트는 마을을
돌아다니며 공연하는
성격상 임시구조물인
파빌리온의 형태를 피할
수 없다. 벨기에에서
19세기에 만들어진
거울텐트는 목재와
캔버스 그리고 거울과
스테인드글라스로
만들어져 극적 효과를
더하는 구조물이다.

13
파빌리온이라는 단어는
13세기부터 쓰이기
시작했다. 본격적으로
야외 임시구조로
종종 사용되었으며
가장 호화로웠을
때는 1520년 영국의
헨리 8세와 프랑스의
프랑시스 1세가 만났을
때였다. '금으로 된 천의
캠프'라 일컬어지는
이 만남을 위해 서로의
우애와 위엄을 표시하는
화려하고 웅장한 규모의
의전을 준비하였다.

싶은 이미지로 장식을 하게 되지만, 작은 구조물인 파빌리온에서는
쉽게 표현할 수 없는 열망과 때론 난해한 감정까지도 표현하게 된다.

신비주의의 오두막

텐트와 같은 화려한 파빌리온에 비해 작은 가설구조물은 폴리folly의
형태로도 발전하였다. 폴리는 우스꽝스럽다는 뜻이 있으며, 마치
돈키호테처럼 현실에서는 억압한 감정의 표출을 추구하게 한다.
비교적 근대적 개념인 폴리는 16세기 후반에 등장한 듯하다. 정원에
놓인 파빌리온이나 폴리는 사람이 거주하지는 않는 구조체라 보면
제일 쉬울 듯하다. 비합리적이고 낭만적이며 때로는 신비롭기도 한
이 구조체는 귀족들의 정원에 지어지곤 하였다. 정원의 파빌리온은
잠깐 와서 그 안에서 쉴 수 있는 용도였다면, 폴리는 수도원의
폐허 같은 모습으로 정원의 배경이 되는 장식적인 역할을 하곤 했다.
사실 용도가 없었던 것도 아니다. 그 애매함 때문에 용도를 알 수
없게 된 것도 많으며, 사냥용 타워, 가제보gazebo 등 정원에서의
활동을 위한 용도도 있었다.

    정원에서의 폐허가 주는 이미지 이상의 신비주의는 18세기에
있었다. 영국에서는 장식의 오두막Ornamental Hut이라 하여 대저택
정원의 폴리에 은둔자를 고용하여 살게 하는 관습이 있었다.
대저택의 주인들에게 보통 7년 계약으로 고용되어 그의 정원에
살며 머리도 자르지 않고, 마치 숲의 정령처럼 살며 정원에 방문한
사람으로 하여금 신비감을 주어야 하는 것이 일이었다. 그 대가로는
당시로서는 거금인 600파운드까지 받기도 했으며, 중간에 신비감을
잃는 행위, 즉 마을에 가서 일상생활 따위를 하게 되면 계약이
파기되는 조건이었다. 당시 정원의 주인들은 폴리, 가제보, 동굴
등에서 신비감을 더하는 행위를 즐겼다. 사색까지도 멋있게 하곤
했다. 엄밀히 보면 17세기 영국정원의 폴리는 유럽의 부호들이

14

14
나뭇가지로 엮어 만든
오두막 아래에
앉아 있는 석가모니.

15
영국에서는 장식의
오두막이라 하여 대저택
정원의 폴리에 은둔자를
고용하여 살게 하는
관습이 있었다. 그들은
대저택의 주인들에게
고용되어 마치 숲의
정령처럼 정원에 살며
방문자들에게 신비감을
주어야 했다. 그 대가로
거금을 받았지만 정령이
중간에 신비감을 잃는
행위를 하면 계약이
파기되곤 하였다.

15

행하던 그랜드투어의 축소 버전이다. 폴리는 마치 사람들이 여행자인
것처럼 느끼게 만들었다.

계몽의 시대에 파빌리온은 이벤트나 장식을 위해 지어지며, 보다
개인적인 목적으로 정원에 지어져 일상생활과 다른 특이한 감정을
일으키는 도구로 사용되었다. 특히 폴리는 합리적이며 추상적인 미를
추구하는 근대건축에서는 잊혀졌다. 억압된 감정을 표현하는 폴리는
그 형식에 있어서 근대건축의 합리성과는 거리가 멀었다.

파빌리온은 썸타는 곳?

폴리에서 명확해졌듯이, 정원에서 파빌리온은 낭만성을 극대화하며
야외에 놓인 파빌리온만의 감성을 만들어 냈다. 영화에서 보면
파빌리온은 정원에 놓여, 요즘 말로 선남선녀들이 썸타는 공간으로
묘사되곤 한다. 8각형의 유리로 된 파빌리온에서 연인을 기다리거나,
연인과 눈물을 흘리는 장면은 영화에 자주 등장하는 단골메뉴이다.
영화 <사운드 오브 뮤직>에서 소녀가 <Sixteen Going on Seventeen>
을 남자친구와 부르던 곳이다. 정원에 놓인 파빌리온은 비와 햇빛을
막아 주며 사방으로 열려 있어 공간적으로 썸타는 곳이라 할 수
있겠다. 파빌리온은 정원에 놓이며, 내부와 외부가 분명치 않은
수평연장공간이며 오직 지붕으로만 그림자를 드리우고 있다.

일시적인 파빌리온이 아닌 정자와 같이 정원에 오래 자리하는
정원 파빌리온의 기능은 햇빛과 비를 피하는 것이지만, (문명에
따라 다르지만) 그 시작은 공동체가 모이는 장소였을 수도 있다.
석가모니도 처음에는 보리수 아래에서 설법을 전했지만 정자와
같은 곳에서 많은 사람을 모아 설법을 전하곤 했다. 이쯤 되면
정원의 파빌리온의 기능은 무궁무진하다. 모여서 수다 떠는 곳, 서로
품앗이하는 곳, 강의를 듣는 곳, 연애하는 곳, 홀로 사색하는 곳 등등
그늘 아래서 밝은 밖을 보며 있는 곳이다.

16
정원에서 파빌리온은
낭만성을 극대화하며
야외에 놓인 파빌리온
만의 감성을 만들어낸다.
영화에서 파빌리온은
선남선녀들의 애정을
위한 공간으로 묘사되곤
한다.

17
영화 <사운드 오브 뮤직>
중에서.

16

17

한옥의 처마와 마루 공간에서 외부로의 풍경을 그림자 밑에서 바라보는 것은 공간을 즐기는 우리에게는 하나의 전형으로 자리 잡고 있다. 현재 우리의 도시에 많이 들어서 있는 커피숍에도 거리에 면하여 데크가 만들어져 도시의 경관이 다양해졌다.

그늘 아래서 밝은 곳을 바라볼 수 있게 하는 파빌리온은 말 그대로 썸타는 공간이다. 동굴에서 웅크리고 앉아 먹잇감을 찾는 것처럼 숨어 있게 하는 것도 아니며, 나만 바라봐 하는 과시적인 몸짓도 아니며, 나도 남을 볼 수 있고, 남도 나를 볼 수 있는 평등한 관계의 공간이다.

18
에지쿰 언덕의 폴리.

송하엽, 중앙대학교 건축학부 교수

송하엽은 서울대학교 건축학과를 졸업하고, 조건영의 기산건축사무소와 건설 현장에서 수련 후 미시건대학교 건축학 석사 학위를 받았다. 논문 <파사드 포쉐: 창-벽의 기능적 표상Facade Poche: Performative Representation of Window-wall>으로 펜실베이니아대학교 박사 학위를 받았다. 필라델피아에서 스튜디오 강사를 하며 건축가로 활동했으며 현재 중앙대학교 건축학부 교수로 재직하며 대안건축연구실을 운영하고 있다. 역서로 <표면으로 읽는 건축Surface Architecture>(2009)이 있으며, 저서로 <랜드마크; 도시들 경쟁하다>(2014), <전환기의 한국 건축과 4.3 그룹>(2014, 공저)이 있다. 2014~2015년 서울건축문화제에서 <담박소쇄노들: 여름건축학교>, <한강감정: 한강건축상상전>을 기획했다.

폴리: 욕망의 피신처에서 저항의 매개체로

글. 최춘웅

휴식을 위한 다양한 공간 중에 육체적인 욕구와 정신적인 여유를
동시에 충족하는 곳은 많지 않다. 폴리folly는 바로 이런 목적을
위해 만들어졌으며 감성적 향유의 배경으로 사용된 조각물과 같은
구조물이었다. 폴리는 영국과 프랑스에서 시작해 유럽 전역으로
유행하게 되었으며, 욕망을 표현하며, 신비에 대한 동경, 은둔자나
요정에 대한 상상, 연정이 싹트는 은밀한 곳으로 쓰여 왔다.

폴리의 공공적인 기능은 20세기 후반에 부각되었다. 폴리나
작은 집 형식의 건축은 다양한 건축적 가설을 실험하는 도구로서,
건축적 언어의 최소 단위로 간주되어 활용되기 시작했다.
태생적으로 건축의 영역적 경계, 또는 가장자리margin에서
행해지는 작업이기 때문에 자유로운 실험이 가능했고, 또한 어떤
작업이 그 영역의 경계 밖으로 밀려날 때 느껴지는 일시적인 광적
환락 속에서 새로운 건축적 어휘가 탄생하기 쉬웠기 때문이다.

이후 폴리에 담긴 예술적인 저항정신은 도시 안에 작은
오브제를 설치하여 기존의 도시 환경에 의문을 던지는 방식으로
발전하였다. 커다란 도시가 손쉽게 해결할 수 없는 문제들에 대해
즉각적으로 반응할 수 있는 작은 오브제들은 저항의 매개체로,
때로는 사회를 치유하는 공간으로 작용할 것이다.

1

폴리

가설건축물 또는 임시건축은 수천 년 전에 등장하였지만 건축학
담론에 본격적으로 출현한 것은 18세기 영국과 프랑스에서 정원 속
풍경을 완성하는 수단인 동시에 쉼터를 제공하는 작은 구조물들이
유행하면서부터이다. 정원이나 숲 속에 세워진 신전, 움막, 또는
작은 집들은 대부분 이국적이거나 고전적인 형상으로 현실과 분리된
모습의 특정한 용도가 없는 향유적 구조물들이었다. 환상적이고
유희적인 특징은 보는 즐거움을 선사하면서 현재의 시간과
공간으로부터 분리된 몽환적인 분위기를 자아내었다. 건축이
감성을 자극하기 시작하였다.

　이렇게 감성적으로 향유된 구조물은 폴리folly라고 불렸다.
폴리라는 단어에는 다양한 의미가 담겨 있다. 어리석음, 어리석은
행동, 그 외의 모든 바보 같은 것을 폴리라고 하고, 쾌락이나
놀이라는 뜻도 있다. 우스꽝스러운 실수, 또는 어처구니없는 상황을
뜻하지만, 그 결과는 대부분 웃음을 자아내거나 즐거운 분위기를
유발하는, 위트 있는 상황이다. 무례하지만 기분 나쁘지 않고, 바보
같지만 새겨들으면 의미가 있을 법한 이중적인 상황이다. 마찬가지로
정원 속의 폴리들도 아무 쓸모없어 보이는 건축물들이었지만, 폴리
안에 들어서는 순간 그 비현실적인 분위기 속에 빠져든 사람들의
행동은 자유분방해졌고, 감성적인 공간 안에서 의도적인 욕망과
유혹의 행위들이 전개되었다. 폴리는 공식적인 예절과 규율로부터
해방된 감성의 영역으로 여겨졌기 때문이다.

　곧 건축가들은 폴리를 이용해 새로운 건축적 개념을 실험할 수
있다는 것을 깨달았다. 폴리의 작은 규모는 건축적 아이디어를 짧은
시간 내에 실험해 보기에 적합했고, 특정한 용도가 없었기 때문에
더욱 순수하게 표현의 효과에만 집중할 수 있었다. 그리고 아무
의미 없어 보이는, 오히려 특정한 철학적 의미들을 부정하는 듯한

1
정원 속 감성적 향유의
배경으로 사용된 조경
설치물을 폴리라고
불렀다. 사진은 데제르
드 레 정원의 폴리

폴리는 건축가들에게 신선한 해방감을 주었다. 마치 에라스무스의 <우신예찬>(1509)이 바보folie의 입을 빌려 당시의 사회를 비판했듯이, 어리석어 보이고 우스꽝스러운 폴리건축을 통해 규율적인 건축이론을 비판하고, 새로운 건축의 가능성을 선보였다.

사랑의 신전

18세기에 세워진 폴리 중 대표적인 사례로 세르반도니Giovanni Niccolo Servandoni가 설계한 <사랑의 신전>을 빼놓을 수 없다. 1750년 파리의 북부 사냥터였던 쥬느빌리에Gennevilliers에 자유로운 사상과 행동으로 유명했던 리슐리외Duc de Richelieu 공작이 꾸민 정원의 언덕 위에 세워진 폴리였다. 동그란 돔 지붕을 12개의 기둥이 받치고 있는 전형적인 신전의 형태로, 외벽은 투명한 유리로 둘러싸여 밤에는 은은한 빛을 발했고, 오묘한 빛과 신비한 조각품들로 채워진 내부 공간은 리슐리외 공작의 취향을 뽐내며 또한 치밀하게 계획된 유혹의 장소였다. 리슐리외 공작은 유명한 소설 <위험한 관계> 속에 등장한 인물로서 당시 계몽주의 사상의 출현과 함께 자유분방한 생활을 즐겼던 귀족들 사이에서도 가장 으뜸이었다. 그에게 <사랑의 신전>은 관찰과 실험을 통해서만 진실을 찾을 수 있다는 당시의 철학을 사랑과 쾌락에 적용할 수 있는 완벽한 건축적 세팅을 제공했다.

    <사랑의 신전>을 설계한 건축가 세르반도니 또한 리슐리외 공작만큼 자유로운 영혼이었다. 건축보다 무대 디자이너로서 더 큰 명성을 떨쳤던 세르반도니는 당시 환상적인 조명효과를 가미한 무대 디자인 작품으로 유명했고, 감성을 자극하는 공간을 만드는 것에 능숙했다. <사랑의 신전>이 표본으로 삼은 건물 또한 한 소설 속의 주인공이 꿈속에서 본 건물이었으니, 그야말로 건축과 무대 디자인 사이에서, 현실과 환상의 경계를 넘나드는 공간을 연출한 건물이었다. <사랑의 신전>에 영향을 준 소설은 <힙네로토마키아

2

2
주느빌리에에 세워진
<사랑의 신전>은
리슐리외 공작의 정원
속 언덕 위에 세워진
폴리였다.

3
<사랑의 신전>에 영향을
준 소설 <힙네로토
마키아 폴리필리>는
애정소설의 형태에
건축이론을 접합한
이중적 장르의 책이다.
다양한 쾌락적 공간과
행위, 환상적인 건축물이
배경으로 등장했다.

3

폴리필리Hypnerotomachia Poliphili>로 초판은 1499년 베네치아에서
출판되었지만 18세기 프랑스에서 크게 유행했다. 애정소설의 형태에
건축이론을 접합한 이중적인 장르에 속하는 책으로, 폴리필리라는
남자 주인공이 애인 필리아를 찾기 위해 숲 속을 헤매는 동안
꿈속에서 경험한 조경과 건축 공간들에 대해 서술한 이야기로서,
환상적인 건축물들의 배경 아래 다양한 쾌락적 공간을 묘사하였다.
그중 폴리필리와 필리아의 최종적 만남의 장소인 사랑의 신전이
바로 리슐리외 공작의 정원에서 다시 재현된 것이다. 이 책은 당시
프랑스 지식인들의 베스트셀러였고, 18세기에는 다른 분야의 책들이
폴리필리의 이야기를 재인용 하면서 더 큰 영향력을 갖기 시작했다.
사데Marquis de Sade의 <규방철학La Philosophie dans le boudoir>(1795)이
철학 분야에서 힙네로토마키아에 영향을 받았고, 건축 분야에서는
블롱델Blondel과 바스티드Bastide의 소설 <작은 집 La Petite Maison>이
같은 맥락에서 발간되었다.

작은 집

작은 집Petite Maison은 18세기 프랑스의 귀족들 사이에서 유행한
건축 유형으로 당시 자유주의 소설의 배경으로 자주 등장했다.
별장이라기보다는 은밀한 만남을 위한 숨겨진 장소였던 작은 집들은
프랑스 혁명 이후 세월이 지나면서 대부분 사라졌으나 건축가
르듀Claude-Nicolas Ledoux, 1736~1806가 설계하여 루이 15세가 애인에게
선물한 <음악 파빌리온Pavillon de Musique>은 지금까지도 보존되어
있다. 폴리의 확장된 형태라고 볼 수 있는 작은 집은 비실용적인
기능과 비이성적인 외관에도 불구하고, 당대 건축담론의 형성에
큰 영향을 주었다. 대표적으로 사랑의 신전을 설계한 세르반도니의
작업을 좋아하고 칭송했던 건축가 블롱델Jacques-François Blondel,
1705~1774의 설계 이론은 대부분 작은 집이라는 건축 유형을

4
르뒤가 설계하고 루이
15세 왕이 애인에게
선물한 <음악 파빌리온>
이라는 작은 집은
지금까지도 보존되어
방문이 가능하다.

4

통해 발표되었다. 르뒤의 스승이면서, 프랑스 왕립건축학교의 초대교장이었던 블롱델이 바스티드와 함께 쓴 소설 <작은 집>은 <힙네로토마키아 폴리필리>를 18세기 프랑스로 배경을 옮겨 새롭게 해석한 소설이다. 블롱델은 이 책을 통해 취향taste과 풍격character을 바탕으로 한 감성적 건축에 대한 이론을 펼쳤고, 특히 작은 집이라는 건축 장르를 통해 그의 건축 이론을 현실화했다.

작은 집을 폴리의 확장된 유형이라고 생각할 수 있는데, 어원도 폴리와 연관이 있기 때문이다. 넓은 정원 속에 나뭇잎foliage들로 가려진 건축물들을 'folie'라고 부르기 시작했고 그 단어의 원래 뜻이 '광기'라는 이유로 당시 정신병자들의 수용소를 '작은 집Hospital des Petites Maisons'이라고 부르던 것과 연결되면서 정원 속의 집들이 작은 집이라는 이름으로 불려지게 되었다는 설이 있다. 이렇게 그 이름에서조차 규칙이나 격식에서 해방된 작은 집을 통해 블롱델 등 당시의 건축가들은 새로운 건축 어휘를 개발했고, 단순히 감성적 유희의 배경으로 탄생했던 폴리와 작은 집은 곧 그 실험적, 담론적 가능성이 부각되면서, 새로운 건축적 사고의 실험대상, 또는 전시품으로 활용되기 시작했다. 폴리라는 비실용적, 비이성적 건축이 단순한 향유의 공간이 아닌 중요한 건축적 실험 도구로서 자리 잡게 된 것이다. 그러나 폴리는 건축적 의미에 천착하기보다 감정을 전달하는 회유적 언어로서의 건축 영역을 열었다. 건축의 기본적인 구축적 의미보다 더욱 확장된 회유적 언어의 최소단위로서 인정받은 폴리를 통해 건축가들은 규율적 건축의 의미를 비판하고 재구성하여 취향과 풍격을 주제로 한 건축의 새로운 가능성들을 제시하였다.

건축적 가설, 욕망에서 저항으로

폴리와 작은 집의 건축은 다양한 건축 가설을 실험하는 도구로서, 건축 언어의 최소 단위로 간주되어 활용되었다. 태생적으로 건축의

경계, 또는 가장자리margin에서 시작되었기 때문에 자유로운 실험이
가능했고, 또한 어떤 작업이 그 규범의 경계 밖으로 밀려날 때
느껴지는 찰나의 희열 속에서 새로운 건축 어휘가 종종 탄생하였기
때문이다. 건축가들은 이러한 경계의 밖이 제공하는 비현실성과
비이성의 자유 속에서, 실험적이거나 계몽적인 유형의 폴리 건축을
만들어 냈다. 건축의 회유적 언어를 적용한 폴리는 20세기에
와서도 임시구조물이라는 신분을 뛰어넘는, 의미체로서의 역할을
지속하였다. 폴리를 통해 새로운 건축의 방향을 제시한 대표적인
사례로 파리 근교 광활한 도살장을 공원으로 재탄생시킨 베르나르
추미Bernard Tschumi의 <라 빌레트 공원Parc de La Villette> 프로젝트를
빼놓을 수 없다.

    1983년 국제현상을 통해 당선된 추미의 설계안은 135에이커의
광활한 부지를 점, 선, 면 세 가지의 논리적 틀만을 이용해 구획하고
정리했다. 그림 같은 풍경을 재현하는 기존의 공원 디자인과 전혀
다른 전략이었다. 눈에 보이지 않는 바둑판 그리드로 전체 대지를
나눈 후 선들이 교차하는 지점마다 빨간색의 다양한 폴리들이 자리
잡았고, 폴리들은 특정한 프로그램이 전혀 없이 언젠가 일어날지도
모르는 미지의 이벤트를 위한 배경이 되기 위해 대기 중인 모습으로,
스스로 21세기를 표방하는 질문하는 형식의 폴리가 되었다. 한 장소의
의미가 사건이나 미디어를 통해서만 생성되고 부각되는 미래 도시의
모습을 반영한 디자인이었다. 건축의 구축적 논리에 따르기보다
논리의 바탕이 되는 통념적인 사회 시스템에 의문을 던지는 듯한
제안이었다. 건축에 해체주의 철학을 적용한 라 빌레트 폴리를 통해
추미는 새로운 건축의 탄생을 선언한 것이다. 해체주의 철학자 자크
데리다Jacques Derrida는 추미의 건축을 보며 건축의 임시적, 암묵적
의미가 구축적, 물리적 의미를 대체하는 새로운 의미생성 방식의
탄생이라는 해석을 내놓았고, 추미의 폴리들은 지극히 작은 규모와

5

불확실한 용도에도 불구하고, 새로운 건축 어휘를 정립한 중요한
작품으로 건축사에 남게 된다. 특정한 용도가 없고, 대지 조건 또한
없는, 단지 한 장소의 역사적 기억과 시민들의 사용에 대한 기대감만
존재하는 정원 속의 폴리건축이었기 때문에 실현이 가능했던
프로젝트였던 것이다.

5
폴리를 통해 새로운
건축의 방향을 제시한
대표적인 사례로 파리
근교 광활한 도살장을
공원으로 변환한
베르나르 추미의
《라 빌레트 공원》
프로젝트를 빼놓을
수 없다.

가장자리 건축 margin architecture

추미가 건축가로서 교육을 받았던 시기인 1960년대, 건축가들은
혁명적이고 반체제적인 사회 분위기 속에서 반문화, 카운터컬처
흐름의 한 줄기로 건축 작업을 대하기 시작했다. 건축 작업의 결과가
아름답고 쓸모 있는 건물이어야 한다는 오래된 가정을 부인하고,
중심에서 벗어난 가장자리가 주는 자유로움을 만끽하며, 다양한
대중적 행위를 통해 사회의 중심을 흔들고 대체하려는 혁명적 태도를
취하게 된다. 그들이 건물 대신 행위를 선택한 이유는 한 지역이나
사회를 변화시키기 위해 건물보다 중요한 것이 지역 주민들의
사회 조직과 경제 구조 등 더 근본적인 변화를 유도하는 것이라는
깨달음 때문이었다. 건축 작업을 건물 구축이라는 제한적 틀에서
해방시키고, 미학적인 관점만 머무르는 설계 방법론을 거부하며,
확장된 윤리적 관점에서 건축가의 역할을 재정립하고자 하는 새로운
추세는 한 건축가의 작업에 대한 가치를 건물에서 찾지 않고 그 일생
동안의 다양한 활동들을 통합적인 하나의 퍼포먼스로 보는 새로운
시각으로 발전하였다.

　　1968년 카운터컬처 흐름의 중심지였던 샌프란시스코에서
결성된 앤트 팜Ant Farm은 바로 이런 흐름 속에서 가장자리
건축을 개척한 집단이다. 칩 로드Chip Lord와 더그 미켈스Doug
Michels가 결성한 앤트 팜은 건축과 미디어아트 사이에서 작업하며,
결과물로 건물 대신 이벤트를 연출하거나 선언문을 발표하고

비디오 작업을 선보이는 등 다양한 분야에서 활동했다. 당시
유행했던 브루탈리즘Brutalism 건축의 육중한 콘크리트 덩어리와
완전히 반대되는 공기막 구조를 활용한 다양한 공간들을 선보였고,
이는 노마드적인 삶의 방식과 집회 등을 수용할 수 있는 임시적인
구조체가 필요했기 때문이었다. 정해진 형태나 구조체가 없는
공기막 구조는 전문가 없이 아무나 쉽게 만들 수 있는 건축 공간을
제공했으며, 실제로 <Inflatocookbook>이라는 매뉴얼을 제작해
그 사용 방법을 일반인들에게 알렸다.

그들의 또 다른 흥미로운 작업으로는 10대의 중고 캐딜락
자동차를 땅 속에 반쯤 묻어 거꾸로 세워놓은 설치 작업인 <캐딜락
목장Cadillac Ranch>이 있다. 소비중심의 사회를 비판하고, 자동차의
용도를 부정하며 지나치게 낭비되는 자원에 대한 비판의 내용을 담은
작업으로, 전달하는 메시지는 무겁지만 작업 자체는 해학적인 점이
특징이다. 앤트 팜에게 영향을 준 벅민스터 풀러Buckminster Fuller가
가는 곳마다 지구의 종말을 예언하며 심각한 선언문을 반복한 것과
달리 앤트 팜과 같은 젊은 건축집단들은 유토피아 지향적인 작업을
추구하면서 항상 유머감각을 잃지 않았다.

미국의 앤트 팜 외에도 1961년 영국 AA에서 결성된 아키그램
Archigram은 그들의 건축을 잡지, 만화, 시, 선언문 등을 통해 전파했고,
그들의 잡지를 통해 모인 또 다른 그룹인 아키줌Archizoom은
1966년부터 이태리의 피렌체에서 활동하며 같은 지역의
슈퍼 스튜디오Super Studio 등과 함께 경직된 이태리 건축계에서 기존
건축에 대한 근본적인 비판 및 환경문제에 대한 적극적인 대안을
제시하였다. 이들의 건축적 제안은 실현 가능성이 없는 유토피아적인
것이 대부분이었으나, 주제로 삼은 이동성과 가변성 등 실험적인
아이디어들은 당시의 젊은 건축가들에게 큰 영향을 주었고,
몇 년 후 렌조 피아노Renzo Piano와 피터 라이스Peter Rice가 제안한

6
앤트 팜이 선보인 공기막
구조는 전문가 없이
아무나 쉽게 만들 수
있는 임시구조체 속에
노마드적인 삶의 방식과
집회 등을 수용하는
대안공간을 제공했다.

6

7

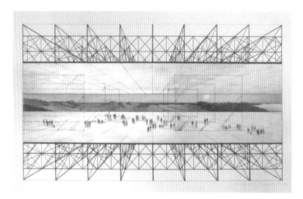

8

파리 퐁피두센터 프로젝트는 슈퍼 스튜디오의 아이디어들을 직접
인용하여 현실화했다고 해도 과언이 아니다. 이들의 건축답지 않은
건축 작업들은 결국 큰 파장을 일으키며 건축계의 중심을 흔들고
변화시킨 것이다.

임시건축temporary architecture

1960년대 가장자리 건축의 정신이 재조명 되면서, 최근 회유적
저항의 수단으로 다시 관심을 끌고 있는 임시건축은 건축의 물리적
제한을 완전히 벗어 버리고 순수한 행위만으로, 사회적 활동으로
재해석된 건축의 영역을 제시하고 있다. 교육, 제도개혁, 시민운동,
재난지역의 구호활동 등을 포함하며, 나아가서 생태계 보존을 위한
장치적 건축 작업 등을 통해 21세기의 건축가들은 건축의 정의와
존재 의미를 근본적으로 재정립하며, 건축계의 큰 변화를 선도하고
있다. 임시건축이라는 새로운 작업 유형을 통해 참여적, 행위적 건축이
부상되고 있고, 건축이 사회적 변화의 매개체로서 활용되고 있는
추세다. 건축가의 사회적 책임이 강조되며, 건축가들이 능동적인
사회활동가로 활약할 수 있다는 것이다.

베를린을 기반으로 1999년 형성된 라움라보Raumlabor는
임시건축을 통해 사회적 변화를 꾀하는 그룹이다. 베를린 장벽이
없어진 후 급속하게 개발 위주로 변화하는 도시 속에서 도시환경의
변화를 이끄는 주도권을 지역 주민들에게 돌려주고, 다양한 참여와
협상을 통한 사회적 변화를 유도하는 것이 그들의 목표다. <어번
프로토타입Urban Prototype>이라는 건축과 공공미술 사이의 작업을
통해 사회의 변화를 유도하고, <공간실험실> 등을 통해 지역 주민들
간의 대화와 협상을 꾀하였다. 이들의 작업에서 중요한 것은 도시
문제를 해결하는 것이 아니라, 문제가 존재한다는 것을 인지시키는
것이다. 시민들이 스스로 문제의 핵심을 파악하고, 협의와 협상을

7
앤트 팜의 <캐딜락 목장>.
소비중심의 사회를
비판하고 자동차의
용도를 부정하며
낭비되는 자원에
대한 비판의 메시지를
장난스럽게 표현했다.

8
아키줌이 <노 스톱
시티>에서 이동성과
가변성을 극대화한
실험적 아이디어들은
몇 년 후 퐁피두센터
프로젝트에 직접적인
영향을 주었다.

9

10

통해 문제를 해결해야 하고, 건축가들의 역할은 문제를 밝혀내고,
해결하기 위한 대화의 장을 만들어 주는 것이다. 라움라보가
한국에서 선보인 안양공공미술프로젝트 중 <오픈하우스>
프로젝트는 <방방>처럼 임시적인 구조는 아니지만, 거주를 위한
집이라기보다 놀이를 위한 공공 공간에 가깝다. 호텔의 형식을
갖추고 있어 노숙자들의 임시거주처가 되기도 지역 주민들의 사랑방
역할이 되기도 한다. 프로젝트 진행 과정에서 공간 활용 방안, 운영
방식 등을 시민들과의 워크숍을 통해 함께 정했고, 단순한 공원
조형물이 아닌 주민들의 참여로 인해 완성되는 커뮤니티 시설이었다.

구호건축 philanthropic architecture

임시건축의 세분화된 영역으로 분류될 수 있는 구호건축이
건축계에 화두로 등장한 것은 디자인을 통해 재난지역에 실질적인
도움을 줄 수 있다는 것을 증명한 프레드 쿠니Fred Cuny의 역할이
컸다. 엔지니어로 교육받은 쿠니는 비영리 구호단체를 결성하여
난민촌의 텐트 배치 방식이나 식수 공급 체계 등을 통해 생명을
구할 수 있다는 것을 입증했고, 건축가들은 건축 작업에 필요한
대지상황 분석 능력이나 재료에 대한 이해 등을 통해 재난지역에
도움을 줄 수 있다는 것을 깨달았다. 프레드 쿠니는 안타깝게도
구호활동 중 실종되었지만, 생전의 업적은 많은 건축가들에게
교훈을 주었고, 그중 '아가 칸 건축상'을 수상한 이란 출신 건축가
나데르 칼릴리Nader Khalili는 흙을 이용해 피난처를 만드는 방법을
고안했는데, 간단하게 모래주머니를 이용해 어디서나 안전한
보호시설을 만들 수 있는 기발한 아이디어다. 수많은 실험과 연구를
통해 그의 흙집들은 가난한 지역의 주민들 남녀노소가 힘을 합하여
쉽게 지을 수 있는 건축 시스템이다. 내전 중 군인들이 쓰다가 버린
모래주머니에 흙을 채우고, 차곡차곡 쌓아올린 뒤, 철조망을 활용해

9
라움라보의 <방방>은
'빵빵하게' 공기가 꽉
찬 모양과 한국의 방
문화에서 착안했다.
백이십 명까지 들어갈
수 있는 이 구조물은
3회 APAP 기간 동안
다채로운 프로그램이
열리는 움직이는 공공
공간으로 사용되었다.
사진은 베를린에
설치된 모습.

10
2010년 안양공공미술
프로젝트 <오픈하우스>는
학운공원 주변의 시민들이
언제든지 와서 묵을 수
있는 열린 호텔이며
마을 회관이다.

11

12

모래주머니들 사이에 모르타르를 채우고, 불에 지지는 방식으로
만든다. 전체 건축비용은 4달러 미만이라고 한다. 전쟁에서 버려진
재료들이 생명을 구하는 피난시설로 거듭난 것이다.

　　구호건축의 다양한 실현방식은 건축가들마다 다르지만,
구호건축에 대한 중요성은 2014년 건축가 반 시게루에게
프리츠커상이 수여되면서 공식적으로 인정받았다고 할 수 있다.
소위 스타건축가이면서도 세상의 관심 밖에서 묵묵히 일하는 경우가
대부분인 구호건축의 대열에 합류한 반 시게루는 1995년 고베 대지진
이후 20년간 터키 대지진(1999), 인도 구자랏 지진(2001), 인도양
쓰나미(2004), 허리케인 카트리나(2005) 등 자연참사가 있는 곳마다
자원봉사자들과 찾아가 건축을 통해 구호활동을 해 왔다.

저항의 매개체

건축가와 아티스트들의 작업이 작품 위주에서 사회봉사와 커뮤니티
활동 등 참여와 행위의 영역으로 확장되면서, 임시건축이나 폴리의
존재 목적은 이제 더 이상 단순한 휴식처가 아닌 정치적 저항의
매개체로도 확장되었다. 앤트 팜이나 라움라보가 활용했던 공기막
구조를 개인용 숙소의 크기로 축소한 후 거리의 노숙자에게 제공한
<파라사이트Para-site> 프로젝트를 예로 들면, 공기막 구조의 역할은
100여 명의 사람들이 모이기 위한 대형 공간을 만들기 위함도
아니고, 도시 스케일의 건축적 선언을 위한 것도 아니었다. 거리에서
존재감을 드러낼 수 없는 노숙자들에게 더 강한 시각적 존재감을
주는 동시에, 건물의 환기구에서 배출되는 온기를 재활용하는 친환경
구조물인 파라사이트 설치 작업은 도시 내에서 소외된 집단에 대한
사회의 책임에서부터 환경보호까지 아우르는 다양한 사회적 비판의
매개체라고 할 수 있다. 1998년 아직 학생이었던 마이클 라코위츠는
<파라사이트> 프로젝트를 통해 사회적 문제들에 대해 고민하며,

11
나데르 칼릴리의
<칼-어스 인스티튜트>는
가난한 지역 주민들이
쉽게 지을 수 있는 건축
시스템으로 간단하게
모래주머니를 이용해
어디서나 안전한
보호시설을 만들 수 있는
기발한 아이디어다.

12
반 시게루는 특권층만을
위한 건축가들의 작업에
회의감을 표하며 "내가
그 동안 쌓아온 경험과
지식들을 특권층이 아닌
재료로 모든 것을 잃은
사람들을 위해 쓰고
싶었다."고 건축에 대한
자신의 신념을 밝혔다.

노숙자들과 반복적인 대화를 통해 풍선집의 크기, 색상 등을
결정했다. 파라사이트 같이 사회적 책임을 강조하고, 결과물보다
과정을 중요시하는 건축작업이 부각되면서, 건축계는 현재 큰
변화를 겪고 있다. 도시마다 경쟁적으로 랜드마크를 만들기 위해
스타 건축가들에게 관심이 편파적으로 집중되었던 지난 20여 년과
전혀 다른 사회 치유적인 분위기가 조성되고 있는 것이다.

2015년 영국의 권위 있는 터너상Turner Prize을 수상한
건축디자인 그룹 어셈블Assemble의 작업을 보면 현재의 건축이
더욱 임시적이고, 사회적이며 정치적으로 변화하고 있는 것을 알
수 있다. 건축대학을 갓 졸업한 18명의 디자이너 그룹인 어셈블은
어떻게 보면 불경기로 인해 취직하지 못한 젊은이들이 모여 있는
것같이 보이지만, 그들의 작업들은 기성세대들이 무시했던 가장자리
건축 작업들을 성공적으로 수행하고 있는 것을 볼 수 있다. 그중
<고가도로를 위한 폴리Folly for a Flyover>는 오래된 고가도로 아래
버려진 공간에 마치 가정집과 같이 생긴 폴리를 세워 영화를 상영할
수 있게 만든 임시 설치물이다. 비계 구조를 활용한 간단한 구조체
위에 철로에서 재활용된 목재 너와를 걸어 장소에 어울리지 않는
가정집의 분위기를 만들었다. 아무도 원하지 않는 버려진 공간을
채우며 개발과 보존에 대한 문제를 부각시켰다. 그들의 첫 번째
프로젝트도 버려진 주유소를 임시 극장으로 활용한 것이었는데,
마찬가지로 소비문화와 부동산 개발 압력에서 쓸모없는 것으로
간주되는 공간을 재활용하고, 공공시설로 변환시킨 작업이다.

터너상 후보에 오르면서 미술작품으로 인정받은 거리가 된
<그랜비 포 스트리트Granby Four Street> 프로젝트는 어셈블의
대표작으로 철거의 위기에 놓인 낡은 주거지역에서 주민들의
적극적인 참여를 유도해 공간마다 독특한, 주민의 의견을 전적으로
반영한 공간 재구성을 통해 거리와 주거환경을 개선하고 재생한

13

14

13
마이클 라코위츠의
<파라사이트> 프로젝트.
풍선구조물을 건물
배기구에 연결하여
노숙자들에게 따뜻하고
건조한 환경을 제공
하는 동시에 거리에서
존재감을 주었다.

14
어셈블의 <고가도로를
위한 폴리>는 임시설치물
로서 영화 상영을 위한
커뮤니티 공간이다.
2015년 터너상의
주인공이 된 어셈블은
터너상의 31년 역사에서
예술가 집단의 수상,
건축 부문의 수상 등으로
화제가 되었다. 더불어
사회적 건축의 성과와
가치를 인정한다고
평가받고 있다.

프로젝트다. 새로 만든 건물도 없고, 눈에 띄는 건축물이 없다. 건축가들의 역할은 단지 주민들이 의견을 제시할 수 있는 기회를 제공하고, 그들의 생각을 시각화해 주었다는 것이었다. 모든 일에 철저한 합의를 통한 작업 방식을 고수하는 어셈블은 터너상 추천위원회의 연락을 받았을 때에도 18명 전체가 모여 회의한 후에야 추천 수락에 동의를 할 수 있었기 때문에 하루가 지난 후 답변을 전달했다고 한다.

폴리나 임시건축을 통해 확장된 건축의 영역은 이제 시대적, 사회적 이슈에 대해 더 명확한 메시지를 전달할 수 있는 매개체를 생산하고, 참여와 행동을 유도하는 과정 중심의 작업까지 포함하게 되었다. 건축의 문화적 의미가 사회에 흡수될 수 있는 새로운 방법으로 임시건축을 통한 참여적인 행위가 더해진 것이다. 건축가의 역할은 더 이상 건물을 조형적으로 만드는 것뿐만이 아니다. 행위적이고 활동적인 방식을 활용해 사회적 변화를 유도하는 것이다. 건축가가 기획자의 태도로 발언하고 싶은 내용과 전달하고 싶은 메시지를 다양한 매체에 담는다면, 적극적으로 기획자, 사회운동가, 에이전트의 역할을 맡는다면, 건축은 삶과 사회의 방향을 건강한 쪽으로 이끌 것이다.

최춘웅, 서울대학교 건축학과 교수

최춘웅은 건축과 무대미술을 공부했다. 가운데보다 테두리를 좋아하고 명백한 것보다 오묘한 것을 좋아하며, 좋은 건축을 설명하기는 어려운 것이라고 믿는 흐릿한 태도 때문에 늘 고민하는 시간이 작업하는 시간보다 많다. 공장, 농장, 학교, 집 등 건물도 설계하지만 임시적 설치 작업도 건축이라고 믿고 열심히 만든다. 최근 아트선재 건축프로젝트 <출구전략>을 전시했고, 일민미술관 <기둥서점>, 기무사 <무위를 위한 초대>를 선보였다. 옛 배수펌프장 자리에 아티스트 김소라와 협력하여 <소행성 G>라는 파빌리온도 만들었다. 현재 서울대학교 건축학과 교수로 재직 중이다.

2 우리의 파빌리온

파빌리온과 문화

누정의 역설:
무위의 경계에서
인위를 얻다

김영민
소현수

가건물의 시대:
판자촌에서
모델하우스까지

정다영
조수진

기억의 場:
中의 공간, 空의
가능성 – 광주폴리

함성호

글. 김영민, 소현수

누정의 역설:
무위無爲의 경계에서
인위人爲를 얻다

서양에 파빌리온이 있다면 동양에는 누정이 있다.
조선시대의 선비들에 의해 누정은 폭발적으로 늘어났다.
누정에 담긴 은일의 문화를 이해하기 위해서는 벼슬에
나아가고 물러남을 오가며 출처사은出處仕隱했던
선비들의 삶을 이해해야 한다.

누정은 단순히 여가와 유흥의 장소가 아니라 성리학적
수양의 문화와 이상이 담긴 공간이다. 중국과 일본에 인위적인
정원이 발달한 데 반해 우리나라에서는 자연 그대로의
경관을 향유하기 위한 누정이 정원을 성립시켰다.
우리 선비들은 누정을 통해 자연을 경景으로 치환하여
인간의 문화로 읽어 내고자 하였다. 누정은 무위의 경계에서
인위를 얻는 건축적 장치였다. 누정의 의미는 조선후기에
들어서면서 변질된다. 더 이상 누정은 선비의 이상과 문화를 담는
공간이 아니라 세속적인 용도와 복합적인 의미를 갖게 된다.
이제 누정은 그 정신을 잃는 대신 소수에게만 국한되었던 경의
문화를 모두에게 열어 주면서 우리의 일상 공간이 되었다.

파빌리온과 누정

서양 파빌리온의 어원은 나비Papilio에서 비롯되어서 천막 같은
가건물을 의미했지만, 동양의 파빌리온이라 할 수 있는 정亭은 행위에
그 의미를 두고 있다. 한자로 정亭은 높을 고高와 멈추다는 의미의
정丁이 합쳐져 만들어졌다. 그리고 이러한 정亭은 높은 마루를 가진
누樓와 함께 '누정樓亭'이라고 통칭되었다.[1] 누정은 높은 데서 머물러
쉬는 사방이 열린 구조물이다.

　　누정과 관련하여 기원전 5세기경 주나라의 역사서에서 제후들이
유희의 장소로서 정원에 누각이나 정자를 꾸미는 대목이 자주
나타난다. 우리나라에는 <삼국유사>에 신라와 백제의 왕들이 궁궐에
정원을 조성하고 정자와 누각을 지었다는 이야기가 처음 등장한다.[2]
누정에 대한 기록은 고려시대에 들어서 점차 늘어나다가 조선시대
이후 폭발적으로 증가한다. 조선 초기의 <세종실록지리지>에는
누정이 60개 정도, 조선 중기에 쓰인 <신증동국여지승람>에는
553개[3], 이후 조선 후기의 <여지도서>에는 1,023개의 누정이
나타난다.[4] 사라진 누정을 포함하면 그 수는 더 많다. 누정의 용도가
다양해졌고, 많은 사람들이 누정을 즐겼다는 것을 뜻한다.

출처사은出處仕隱, 선비의 삶

우리의 누정들은 빼어난 풍광의 장소에 위치한다. 선인들은 이러한
명승지들을 세속과 다른 무릉도원, 별천지, 동천洞天처럼 신선이
머무는 이상향으로 표현하곤 했다.[5] 누정에도 이와 같은 감흥이
그대로 나타난다. 누정의 이름은 도교적 세계관에 따른 의미들을
담으며, 그림과 장식에서는 용, 불로초, 신선이 타고 다녔다는 학과
같이 이상향의 환경이 묘사되곤 하였다.

　　조선시대에 속세를 떠나 선경仙境을 즐기던 누정의 주인들은
대개 사대부라고 불리던 사림士林들이었다. 특히 이름이 꽤나 알려진

1

2

1
거창 소재 용암정
(龍巖亭) 마루 위쪽 추녀
아래에 전서체로 학을
부르는 난간을 뜻하는
'환학란(喚鶴欄)'이라고
쓴 편액이 붙어 있다.

2
거창 소재 용원정
(龍源亭)은 들보를
용무늬로 화려하게
장식하였다.

누정의 조영자들은 당대에 명성이 높은 선비들이다. 무등산 자락에 면앙정俛仰亭을 지은 송순宋純과 송강정松江亭의 주인이었던 정철鄭澈, 보길도 세연정洗然亭의 윤선도尹善道가 대표적이다. 그런데 누정의 주인이 유학자였다는 대목에서 고개를 갸우뚱하게 된다. 사대부라면 모름지기 조정에 나아가 올바른 정치를 펼쳐야 하는 이들이 아닌가? 외딴 자연 속에서 풍류를 읊으며 신선놀음을 하는 것이 가당한가?

　유가儒家의 가치와 대치되어 보이는 도가적 이상향에 대한 동경이 담긴 누정은 모순된 공간처럼 보인다. 이와 같은 누정이 지닌 역설을 이해하기 위해서 사대부의 문화를 먼저 살펴야 할 필요가 있다. 중국 고대 사회에서 선비를 지칭하는 사士라는 계층은 제후나 귀족들을 보좌하는 일종의 고급 비서나 집사와 같은 존재였다. 사인士人들은 귀족이 아니기 때문에 봉지封地가 없었고 녹봉祿俸을 받아서 생계를 유지하였다. 이는 고려 말부터 등장한 우리나라 사대부도 마찬가지였으니, 지금으로 표현하면 학벌이 좋은 월급쟁이다.

　당시 사대부는 아무리 좋은 지위와 영화가 보장되더라도 선비가 품은 도의道義와 맞지 않으면 출사하지 않았다. 이에 대하여 공자는 천하에 도가 있으면 나타나고 도가 없으면 숨는다고 말했으며, 맹자는 군자가 도를 행함에 있어서 벼슬에 나가야 하는 세 가지 상황과 벼슬에서 물러나야 하는 세 가지 상황을 말한 바 있다. 사대부는 모름지기 벼슬길에 나아가는 출出과 사仕, 벼슬에서 물러나는 처處와 은隱의 시기를 알아야 했다. 결국 사대부의 인생은 출처사은出處仕隱으로 요약된다. 적합한 때를 모르는 선비는 진정한 군자로 인정받지 못했다. 조선의 이름난 선비들이지만 그 시기 세상의 도가 그들에게 있지 않았다면, 그들은 속세를 떠나 물러나 있는 처의 시기를 보냈다.

누정에 담긴 은일隱逸 문화

그럼에도 여전히 의문은 남는다. 정치적 이상이 다르다고 해서
누정의 주인이었던 선비들이 자연 속에 틀어박혀 지내는 것이
합당한 것이었나? 사대부에게 있어서 도道는 임금을 뛰어넘는
가치였다. 임금이 잘못된 뜻을 품고 군자의 도의와 어긋나는 정치를
펼칠 때 선비가 택할 수 있는 길은 죽음과 은일, 두 가지뿐이었다.
은일은 선비가 높은 뜻을 지킬 수 있는 적극적 행동 방식이었다.
죽림칠현竹林七賢과 같은 현학자들은 사대부의 은일 문화를 대표한다.
현학賢學이 전통적 유교의 경학經學을 대체하면서 도교적 자연이
군자의 도를 지킬 수 있는 유일한 안식처로 여겨졌다.

　　하지만 사대부의 본분은 출사하여 정치를 펼치는 데 있지,
은일하는 데 있지 않았다. 그리고 인위적 정치를 부정하는 도가적
현학의 이상은 유학 이념과 정면으로 대치되었다. 사대부의 출과
처, 사와 은이 담고 있는 이와 같은 모순은 송대의 성리학性理學에
이르러 철학적으로 해소된다. 주희朱熹는 당시 유학의 주류였던
경학을 비판하며 노장 사상은 물론 불교 개념까지 받아들여
이학理學이라는 새로운 유학의 사상 체계를 정립하였다. 이학의
핵심은 '이치는 근본적으로 하나이지만 다양한 만물들 속에서
다양하게 실현된다'는 '이일분수理一分殊'이다. 성리학에 따르면
우주의 이치, 하늘의 뜻, 인간의 도의가 하나이며 이는 자연 만물에도
담겨 있다. 이理라는 동일한 우주의 실체가 다양한 방식으로 실현된
결과라는 것이다. 따라서 자연에서 은일하면서 인간의 도를 구할 수
있게 되었고, 누정에 앉아서 하늘의 뜻을 읽고 바른 정치를 살피는
일이 가능해졌다. 옛 누정의 주인이었던 조선의 선비가 주희를 따르던
성리학자라는 점을 고려한다면 누정의 역설은 오히려 성리학적
순리順理가 된다.

두 가지 자연과 정원

선비들의 은일은 도가적 기풍이 담긴 무위無爲의 자연에 대한
동경에서 출발한다. 유학의 측면에서 대의를 지키기 위해 산 속으로
들어가 굶어죽은 백이伯夷와 숙제叔齊가 은일 문화의 원조 격인데,
그 배경이 되는 수양산은 자연의 화려함과 거리가 멀다. 선비들의
정원이 본격적으로 등장하는 중국 위진 시대의 원림은 매우
담박淡泊하고 고졸古拙하다. 이후 중국과 조선의 사대부가 동일한
성현聖賢의 가르침을 받고 대의를 품었지만, 그들이 공유했던 은일
문화는 다른 양상으로 전개되었다. 중국 사대부들은 원림園林, 즉
정원을 조성하고 가꾸면서 은일하였던 반면, 조선의 선비들은 자연
속에 누정을 지어 은일하였다. 중국 역사의 흐름에 따라 원림을
조성하는 기법 역시 발전하였다. 위진 시대에 담박한 원림에서
출발하여 당송唐宋 때 절정에 달하고, 명明과 청淸대로 이어진 원림은
인공적인 예술 창작물처럼 변했다. 명과 청대 사가원림에서 과하다
싶을 정도로 화려한 기암괴석의 가산假山이 중심이 된 수경水景은
자연을 모방한 원림의 모습이었다.

　우리에게도 중국의 사가원림에 해당하는 담양의 소쇄원瀟灑園과
보길도 세연정洗然亭 같은 별서가 있지만, 이렇게 수려하게 조성된
정원은 손에 꼽을 정도이며, 많은 경우 정원의 어디까지가 자연
그대로의 모습인지, 사람이 조성한 것인지 경계를 구별해내기 어렵다.
더군다나 우리 정원의 모습은 최소한의 건축물인 누정을 제외하고
나면 인공적으로 자연을 크게 조작한 흔적을 찾기 어려운 것이
대부분이다. 누정만으로 자연을 품으려 했기 때문이다.

　이러한 우리의 전통 누정과 정원 문화에 대해서 의견이 분분하다.
어떤 이들은 선조들이 자연에 순응하는 성품을 가진 것이라 하기도
하고, 산수가 아름답기 때문에 굳이 인공적 정원을 조성할 필요가
없다 하기도 한다. 심오하고 웅대한 중국의 원림 이론과 다양한

3

4

3
중국 소주의
사가원림을 대표하는
사자림(獅子林)은
높은 담장을 두른
수백이며, 연못 한가운네
호심정(湖心亭)이 있다.

4
일본 서방사(西方寺)
정원의 담장 가까이에
놓인 담북정(潭北亭)은
안쪽의 연못 황금지
(黃金池)를 향하고 있다.

5

6

양식을 가진 수많은 일본의 명원들과 비교할 때 우리에게는 정원
문화가 없었다는 평가도 있다. 정원을 조성할 경제력이 없는 시대에
자연을 예술적으로 다룰 이론과 기교를 발전시키지 못한 것이라고
판단하기도 한다. 그러나 우리의 누정이 보여 주는 선비 문화는
아무 것도 하지 않은 채 자연을 즐기는 무위만은 아니다. 오히려
누정은 무위의 극단을 통해서 인간적인 이로움을 추구하기 위한
인위를 얻는 역설의 공간을 보여 준다.

누정에 앉아 무위無爲를 통해 인위人爲를 취하다

한국의 전통 정원 양식이 없다는 논리는 울타리로 한정한 정원,
즉 '원園'의 문화가 발달하지 않았음으로 이해할 수 있다. 하지만
우리에게는 누정을 중심으로 설명할 수 있는 '경景의 문화'가 있었다.
'경景'은 경관景觀에 해당하는 전통적 개념이다.

누정에서 이루어지는 경은 감상자가 주체적으로 아름다운
경관을 선택하는 것으로, 특별한 장소의 조망점에서 특정한 계절과
시간에만 경험할 수 있는 자연경관에 대해서 이름을 짓는 방식으로
표출된다. 이러한 경의 문화는 중국 북송대 양자강 근처 물줄기에
설정된 소상팔경瀟湘八景에서 시작되어 단양팔경, 관동팔경 등
팔경八景의 형식으로 우리 선비들에게 전수되었다. 다시 말하자면
자연 위에 문화적 의미가 덧대진 자연 경관이 경이라고 할 수 있다.
경의 장소에 자리 잡은 누정은 이렇듯 무위의 자연을 통해 인위의
문화를 담는 정원을 만드는 중심 공간이 된다. 이렇게 경을 형성하는
다양한 기법을 통하여[6] 누정은 단순히 경관이 아름다운 장소를
점하기 위한 건축물이 아니라 자연을 재구성하여 인위적 해석이
가해진 경관을 연출하는 장치였다.

대표적인 예로 면앙정을 들 수 있다. 송순을 포함한 호남가단의
문인들은 면앙정에서 조망할 수 있는 수많은 경물 중에서

5
보길도 부용동 정원을
만든 윤선도는 판석보로
계곡물을 막아 연못을
만들고, 바위의 기이한
생김새에 맞추어 이름을
붙인 후 세연정(洗然亭)에
앉아서 정원을 즐겼다.

6
안동 청량산 암벽 옆에
놓인 고산정(孤山亭)에서
푸른 절벽 앞으로 흐르는
강물과 백사장을 즐길 수
있다. 예전에는 이곳에
학이 많이 서식했다고
한다.

대표적인 30가지를 선택하고 <면앙정삼십영俛仰亭三十詠>이라는
시로 정리한 바 있다.[7] 여기에는 용구산의 늦은 구름龍龜晩雲,
불대산의 낙조佛臺落照, 서석산의 아지랑이瑞石晴嵐, 목산 어부의
피리소리木山漁笛, 모래톱에 조는 해로라기沙頭眠鷺 등 다채로운 경관이
포함된다. 송순은 <면앙정가俛仰亭歌>에서 담양, 광주, 창평에 이르는
'백리형국百里形局'의 경관을 묘사함으로써 정원의 규모를 무한히
확장하여 즐겼다. 또한 소쇄원에서 읊은 시들을 보면 정원의 공간은
시각이 규정하는 담장 안의 내원內園으로 한정되지 않는다. 향기로운
바람소리, 빗소리, 저녁 종소리, 연꽃의 향긋한 기운 등 계절 경관과
기상 현상 등 일시적으로 느낄 수 있는 대상들까지 포함한 공감각의
경험이 정원이라는 공간을 만든다. 이로써 소쇄원의 영역은 담장
너머의 외원外園까지 확장된다.[8]

    우리의 선비들은 경의 정원을 만들기 위해서 가장 먼저
조망하기에 유리한 위치를 선정한 후 누정을 앉혔다. 그리고 낮은
담장이나 누정의 기둥과 들어열개문, 수목 등 바깥의 자연을
끌어들일 적정한 차경借景 도구를 설정하였다. 이어서 정원의 경계를
두드러지지 않게 처리하고 최소한의 인위를 덧대어 자연스러운
경관을 만들었다. 기묘한 생김새의 바위와 폭포, 수목에 이름을
붙여 주고 이를 가까운 바위에 새기는 행위가 공간 연출의 대표적인
예이다. 마지막으로 이러한 경관과 요소들을 시로 읊어서 기문記文에
기록하고 누정에 게시함으로써 정원의 영역을 규정하였다. 이것이
우리나라 선비들이 자연을 사유화함으로써 정원을 만드는
방식이었던 것이다.

    당시 성리학은 선비들에게 인간의 심성을 발현시키고 본성을
회복할 수 있게 끊임없이 자기를 연마하도록 요구하였다. 선비들이
수기修己 장소로 선택한 것은 물과 숲이 있는 자연 속의 트인
공간이었다. 이에 물과 바람이 오가는 길목인 계류 변을 선호하였다.

7

8

9

7
담양에 소재한
면앙정(俛仰亭)은
호남가단 결성의
모태가 되었으며,
송순은 <면앙정가>에서
정원의 규모가 담양,
광주, 창평에 이르는
'백리형국(百里形局)'을
읊었다.

8
소쇄원(瀟灑園)은
자연계곡에 광풍각을
앉힐 터를 고르고 벽체를
만들지 않음으로써
계절마다 바뀌는 담장 밖
경치까지 바라볼 수 있게
하였다.

9
거창의 소진정(湖眞亭)
담장 안쪽 좁은 마당은
비워져 있으며, 낮은
담장 밖에 보이는 산과
물과 바위와 배롱나무가
정원을 구성한다.

10

11

12

13

14

10
김천 소재 방초정
(芳草亭) 안쪽에 마련된
방안에 앉아서 들어
열개문 아래 난간 위로
보이는 원경의 중첩된
산과 앞쪽 연못가에
식재된 배롱나무를
즐길 수 있다.

11
장수팔경 중 하나인
'매산청풍(梅山淸風)'과
관련된 사성정(思省亭)
에서 내려다보이는
냇가 바위에 '영폭대
(詠瀑臺)'라는 바위
글씨가 새겨져 있다.

12
담양의 풍암정(楓巖亭)은
계곡 바위 사이에 축대를
쌓고 터를 고르고 누정을
배치한 후 앞에 펼쳐지는
수경관을 즐겼다.

13
거창 구연서원 입구에
세워진 관수루(觀水樓)에
올라서면 '관수'라는
이름에 어울리게 흐르는
물이 내려다보인다.

14
예천 초간정(草澗亭)은
물이 휘감아 도는 구릉
위에 놓여서 물소리를
듣고 물을 바라보기에
최적의 장소를
선택하였다.

선비들에게 물은 단순한 자연풍광이 아니라 도의 본질을 내포하는 도체道體였고, 계곡은 단순한 지형이 아니라 정신적 세계였다. 그래서 선비들은 풍광이 빼어난 심산유곡 계류가에 누정 짓기를 선호하였고, 그곳에서 계곡물을 관조하면서 사색하였다. 여기에는 학문을 하는 자세는 끊임없이 흘러가는 물과 같아야 한다고 한 맹자의 가르침이 바탕이 되었다.

침류정枕流亭과 침우정枕雨亭과 같은 누정의 명칭에서 이러한 물과 누정의 관련성을 확인할 수 있다. 또한 거창에 소재한 관수루觀水樓 역시 '물을 보는 데 방법이 있으니 반드시 그 물의 흐름을 보아야 한다'는 가르침을 따라 물이 내려다보이는 곳에 조성되었으며, 예천의 초간정草澗亭은 물을 바라보고 물소리를 듣기에 최적의 장소인 물이 휘감아 도는 구릉지에 자리 잡았다. 여기서 물과 가까이 한 자리 잡기는 물의 상징성에서 끝나는 것이 아니라 물길에 부속되기 마련인 절벽과 바위, 수목이 어우러진 아름다운 경관을 만드는 자연물의 결합체로서 의미를 가지는 것이다.

이처럼 누정은 우리의 선비들이 자연을 닮으려는 마음가짐을 가지고 자연의 경계 속에 정원을 만든 구조물이다. 자연에 순응하고자 했던 삶의 철학이 선비들의 정신적 바탕을 이루면서 누정은 자연과 동화할 수 있는 필연적 장소가 되었다. 우리의 누정 문화에 있어서 이러한 선비들의 정신적 지향과 자연에 대한 태도가 중요한 역할을 했다.

낙화落華, 선비 문화가 지다

어떠한 문화라도 화려하게 꽃이 피면 지기 마련이다. 누정에 담긴 선비 문화도 마찬가지였다. 조선 말기에 이르러 누정의 조성이 유행처럼 퍼지면서 자연에 대의를 반영하고자 했던 정신도 점점 퇴색되었다. 현재의 누정 중에 원래 모습을 보기 힘든 경우가 많다.

후손들이 손대면서 누정이 화려해지고 규모가 커졌기 때문이다.
지금 면앙정은 온돌이 갖추어진 방이 구비된 여섯 칸 구조로
기와지붕을 이고 있지만, <면앙정잡가仰亭雜歌>(1829)에 나오는
면앙정은 초려삼간草廬三間이었다. 후대 사람들이 선조의 덕을 기리기
위해서 누정을 중창하였지만 무위를 통해서 얻는 인위는 사라지고
인위만 부각되었다.

　　후대의 많은 누정들은 조상을 기려 제사를 모시는 추모의
기능을 갖게 되었다. 죽은 조상을 기린다는 뜻의 영모정永慕亭이라는
이름이 붙은 누정들이 그렇다. 선대의 선비들이 누정 속에서
스스로의 문화를 만들어 내고 정신적 삶을 영유하였다면 후대의
누정 조영자들은 문화의 주체가 되지 못하고 과거만 쫓는 단면을
보여 준다. 더불어 지역의 유력자들이 자신들이 소유한 넓은 땅을
바라보며 소작인들을 감시하는 동시에 자신의 부와 권세를 과시하는
누정도 등장한다. 이와 같이 선비의 은일과 이상은 사라지고 누정이
세속적 건축물이 되어 버린 것은 재산을 축적한 부농이 많아진
사회적 변화로부터 기인한다.

　　그러나 이러한 선비 문화의 퇴색은 다른 측면에서 누정 문화를
긍정적으로 변화시켰다. 본디 누정은 지체 높은 양반네의 특권적
공간이었다. 고을의 명승지에 누정이 놓이면서 소수만이 누리는
공간이 되고 누정에 의해 형성되는 경까지 사유화된다. 하지만
누정을 짓는 주인의 신분이 상대적으로 낮아지고 누정이 흔해지면서
누정은 점점 많은 이들을 위한 공간으로 바뀐다. 이는 단순히
누정이라는 건축물의 물리적 변화에 국한되지 않고 모두가 경관을
즐길 수 있게 된 것이다. 그렇게 누정이 흔한 정자가 되면서 비로소
민초들이 누정에 올라 고개를 들어 하늘과 산, 그리고 물을 마음껏
바라볼 수 있게 되었다.

　　누정은 역설의 공간이었다. 명名과 자연의 역설. 유가와 도가의

역설. 출사와 은일의 역설. 인위와 무위의 역설. 선비들이 향유했던
이와 같은 역설이 사라진 지금에도 여전히 우리 곁의 정자는 역설의
공간이다. 이제 이름도 부여되지 않는 가벼운 정자가 되었지만
일상과 비일상, 자연과 도시, 일과 휴식, 전통적 가치와 오늘날의
가치가 담긴 역설이 남겨져 있다. 역설의 공간은 진부해진 우리의
삶에 작은 틈을 내어 준다. 늘 지나치기만 했던 동네의 정자에
잠깐이라도 앉아 보자. 그리고 고은의 시를 떠올려 보자. 그러면
잠깐이나마 그 흔한 정자가 그대를 낯선 곳으로 데려다 줄지도
모른다.

15
거창에 소재한
도계정(道溪亭)은
누각에 가까운 형태이며,
재실 기능을 가진
경모재(景慕齋) 앞에
만들어 문중의 커뮤니티
공간으로서 역할을
담당하였다.

김영민, 서울시립대학교 조경학과 교수

서울대학교에서 조경과 건축을 공부하고 하버드디자인대학원에서 조경학 석사 학위
를 받았다. 미국 조경설계회사 SWA Group에서 여러 프로젝트를 진행했다. 번역서로
<랜드스케이프 어바니즘>이 있으며 근대에 등장한 상업적 공원의 사회적 의미를 고찰
한 <공원을 읽다>를 포함 <용산공원>, <조경관> 등을 비롯한 다수의 공저가 있다. 지금
까지 도시를 경관의 맥락에서 다루고자 하는 랜드스케이프 어바니즘을 중심으로 학술
연구를 진행해 왔고, 대표적인 연구 프로젝트로는 '용산공원 종합기본계획 보완방안'이
있다. 현재 서울시립대학교 조경학과 교수로 재직하며 국내외 다수의 공모전과 프로젝
트에 참여하며 다양한 방면의 실천을 이론과 함께 병행하고 있다.

소현수, 서울시립대학교 조경학과 교수

서울시립대학교와 동대학원에서 조경을 공부한 뒤 이원조경과 가원조경기술사사무소
에서 실무 후 조경기술사를 취득하였다. 우리 선조의 삶이 축적된 결과물인 전통경관을
생태학적으로 해석하는 전통생태학을 주제로 박사 학위를 받았다. 공저로 <오늘, 옛 경
관을 다시 읽다>가 있으며, 옮긴 책으로 <조경설계 키워드 52>에는 우리나라 전통조경
에 대한 원고를 작성하고 첨부하였다. 학술 논문으로서 <누정원림을 통해 본 전통요소
의 생태적 해석>과 <차경을 통해 본 소쇄원 원림의 구조>는 파빌리온으로 전통 정자를
이해하고자 하는 관점과 관련된 연구이다. 현재 서울시립대학교 조경학과에서 조경사造
景史와 조경미학을 가르치며 역사문화경관연구실을 운영하면서 오늘날 조경 현장에서
전통경관의 역할 찾기에 관심을 두고 있다.

글. 정다영, 조수진

가건물의 시대: 판자촌에서 모델하우스까지

가건물의 성격이 강한 파빌리온은 우리 사회 발전을 견인했던
숨은 공로자다. 한국 현대사의 변화무쌍한 흐름을 적시에
반영하기에 가건물은 매우 적합했다. 파빌리온에 담긴 임시적이고
가변적인 특성은 시대마다 다양한 형태로 변화하며 삶 속에
스며들었다. 폐허가 된 이 땅에 생존을 위한 저항의 공간이
되었던 판자촌, 1960~70년대 개발 드라이브를 위해 마련된
'이동시청'과 같은 도시 개조를 위한 선전 공간은 당대의 문제를
해결하기 위해 나타났던 도시적 장치였다. 이후 88올림픽 개막과
함께 등장한 ‹쿤스트디스코›와 같은 설치건축은 우리나라에
처음으로 나타난 현대적 의미의 파빌리온으로서 문화에 대한
욕구를 분출하는 장소가 되었다. 모델하우스는 우리나라에만
있는 독특한 가설 건축물로서 주거문화의 복잡한 단면을
보여 주는 파빌리온이다. 개인의 생존을 위한 저항의
임시주거에서 자본주의 사회의 소비를 위한 마케팅 장소까지
가건물은 흥미로운 건축의 기호가 되고 있다. 삶의 많은 측면들이
견고하게 뿌리 내리지 못하고 여전히 부유하는 지금, 가건물은
고밀도 도시가 된 이곳에서 지난 반 세기의 추억으로 남아 있다.

우리 사회의 숨은 파빌리온을 찾아서

소설가 김훈의 자전적 에세이 <가건물의 시대 속에서>[9]는 부산 피난 시절의 판자촌 이야기로 시작한다. "나는 현실과 문장 사이에서 잔혹하게 시달려왔다"는 부제를 달고 있는 이 글에서 작가에게 가건물은 벗어나고 싶은 절망의 장소이자, 불온한 시대를 상징하는 것이었다. 가건물은 한국 현대사의 질곡과 변화무쌍한 순간들을 반영한다. 건축가와 예술가들이 만들어 내는 현대적 의미의 파빌리온 이전에 사회적인 함의를 품고 있는 우리 사회의 가건물들은 무엇이 있으며 어떻게 변천되어 왔을까? 그리고 그것들은 오늘날 어떤 이야기를 남기고 있을까? 우리 사회에 숨은 파빌리온의 이면을 들여다보면 파빌리온에 새로운 사회적인 의미를 부여해 볼 수 있으리라.

반세기 동안 한국 사회는 가건물에 대한 투쟁과 반영의 지속적인 힘겨루기를 해 왔다. 정치적인 목적과 수단에 따라 상황은 달랐다. 도시 개조의 선전도구로 적극 이용되기도 했고 철거해야만 하는 부정적 대상이기도 했다. 오늘처럼 문화 공간으로 가건물이 긍정적으로 인식된 것은 먹고 사는 문제가 어느 정도 해결된 1980년대 말부터였을 것이다. 문화적인 욕구들이 어느 정도 충족되면서 우리는 가건물의 시대를 벗어난 듯 보였다. 실제로 도시는 나무나 흙과 같은 유약하고 가벼운 것에서 콘크리트와 같은 견고한 물질들로 채워졌다. 임시 거주자에서 벗어나 내 집을 마련하고 정착한 시민들도 많아졌다. 하지만 공간의 생산방식은 우리 사회의 구조적인 문제처럼 여전히 임시적이고 가변적이었다. 주거는 살기 위한 곳보다는 매매하는 것으로 쉽게 사고 팔렸다. 오래된 것들은 남아 있지 못했다. 여전히 삶의 많은 장소들이 뿌리를 내리지 못했다. 이런 삶의 행태가 지속되는 이곳의 우리는 여전히 가건물의 시대를 산다.

생존을 위한 저항, 판자촌

1950년대 말, 전쟁이 휩쓸고 간 서울은 대도시로 몰려든 피난민과
이농민들이 모여드는 장소였다. 판자촌은 한국전쟁의 상처에서
시작되었다. 서울 한편에는 국가 주도로 근대적 주거공간인 아파트가
들어서고 있었지만 공유지나 무허가지에 판잣집[10]을 짓고 사는
사람들도 많았다. 서울의 일면을 차지한 판자촌은 임시적인 무허가
주거지였지만 빈손으로 고향을 떠나온 이들에게 가장 손쉽고도 빠른
집짓기였다. 판자촌은 전쟁 직후 재건을 위한 가변적인 장치로서
도시로 몰려드는 노동자들을 수용하기 위한 즉흥적이고 임시적이며,
역동적인 공간으로 파빌리온의 전형적인 특성을 띠고 있다. 재료도
라왕, 마속 등의 목재 조각과 루핑, 깡통 등 쉽게 구할 수 있는 것을
이용해서 만든 가벼운 건물이었다. 당시 정부가 판자촌을 묵인했던
이유는 이곳이 당시 급속한 산업화에 필요한 저임금 노동자들을
안정적으로 재생산하는 장소였기 때문이다. "관악산 일대에 하룻밤
사이에 무허가 판잣집 300여호가 들어섰다"는 당시 신문 기사는 결국
역설적으로 판자촌이 폐허가 된 땅을 일구기 위한 효율적인 방법의
하나였음을 말해 준다.
　　본격적인 산업화와 자본주의 체제에 의해 판자촌은 국가의
개입과 조정이 필요한 대상이 되었다. 1970년대는 물론, 1980년대에
엄청난 인구 밀도를 분산하기 위해 정부는 '정착지 조성 이주사업'을
단행했다. 판자촌 주민들은 도시 외곽으로 집단 이주되었다.
원주민들은 삶의 공간이 철거당해도 끈질기게 버텨내며 공동의
마을을 일구었다. 판잣집은 철거되면 다시 세워지곤 했다. 통반장에게
담뱃값을 쥐어 주며 조금씩 공간을 넓혀 나가는 나름의 변화와
진화를 거치는 건축이었다.[11]
　　이곳에서 삶의 현실이 녹록치 않기에, 그리고 우리 시대의 어두운
단면을 보여 주는 장소이기에 판자촌을 미학적인 측면에서 평가하는

1

2

3

것은 쉽지 않다. 하지만 많은 국내외 예술가들이 판자촌에서 영감받아
그곳을 달동네라 부르며 찬미했던 이유는 있다.[12] 달동네, 즉 고지대
판자촌은 가장 민주적인 도시 공간으로 해석되었다. 어떤 건축가나
도시계획가의 개입 없이 주민 스스로 나누고 내놓으며 최소한의 필요
공간을 만드는 방식이었다. 자립적으로 세워져 자연스럽게 주변과
어우러진 전체 모습에서 평등주의를 실천한 유토피아적 이미지를
발견한 이들도 있었다. 이러한 구축방식을 근대적이고 합리적인
체계에서 작동하는 주류 건축술의 대안으로 삼기도 한다. 건축가
없는 건축, 토속 건축(버내큘러 건축), 건축의 지역주의 등의 담론들이
같은 배경을 공유하고 있다. 파빌리온이 체제에 저항하는 건축적
특성을 가진다면, 판잣집은 생존을 위한 저항의 산물이었다.

이동시청, 가건물 처리를 위한 가건물

저항의 반대편에는 이에 맞서는 공권력이 있었다. 그 힘은 소기의
목적을 달성한 후에 가난한 자들이 점유한 저급한 공간을 처리하고
싶어 했다. 판잣집이 널리 퍼지게 된 것은 단지 이주민들이 늘어났기
때문만은 아니다. 1960년대 후반부터 1970년대 초반까지 저소득층
주택문제를 해결하기 위해 정부 개입이 강화되었다. 무허가 판자촌은
서울 외곽으로 이주되는 대신에 합법화되었다. 몇 세대가 늘었는지
실태 파악도 할 수 없을 만큼 늘어난 판자촌은 여름철 방역과
장마철을 앞둔 수방대책에도 위협의 대상이었다. 이는 1967년 김현옥
전 서울시장이 '이동시청'이라는 행정시찰을 통해 판자촌 양성화를
홍보하면서 촉발되었다.
　　'불도저 시장'이라는 수식어가 붙는 김현옥 시장은 오늘날 서울
도시 구조의 기본 틀을 만든 사람이다. 부산시장 재직 시 눈에 띄는
성과를 보인 그는 박정희 대통령의 제2차 경제개발계획을 추진할
사람 중 하나로 1966년 4월 서울시장에 임명되었다. 그의 지휘

1
판자촌은 전쟁 직후
재건을 위한 가변적인
장치로서 도시로 몰려드는
노동자들을 수용하기 위한
즉흥적이고 임시적이며,
역동적인 공간으로
파빌리온의 전형적인
특성을 띠고 있다.
　2, 3
1960년 청계천변의
판자촌. 피난민과
이농민들은 생존을 위한
공간으로 무허가에
임시적이지만 만들기
쉽고 창의적인 그들만의
방식으로 주거지를
만들어 나갔다.

4

5

6

7

아래 서울 최초의 고가인 아현 고가와 청계 고가가 만들어졌다.
세운상가도 김현옥 시장 재임기(1966~1969)의 건물이다. 한강
개발을 비롯 오늘날 강남에 해당하는 영동지구 개발을 이끈 사람도
김현옥이다. 한국의 근대화와 서울의 근대화를 직결시키며
전투적인 시정을 펴온 4년의 짧은 임기 동안 사실상 오늘날
서울의 얼개가 완성되었다.

　　김현옥 시장은 당시 이동시청이라는 이름의 이동 가능한
집무실을 고안했다. 그것은 트레일러이거나 컨테이너로 만들어져
손쉽게 특정 장소로 이동할 수 있었다. 김현옥은 이동시청을 통해
현지에서 직접 공무를 처리하며 시민들에게 맞춤 시정을 펼치고자
하였다. 그러나 판잣집 철거를 보류해 달라거나 지난 풍수해로
집을 잃었으니 대책을 세워 달라는 등 시민들의 요구사항은
해결되기보다는 불가능한 것이 더욱 많았다.[13]

　　고정된 곳이 아닌 여러 장소를 옮겨 다니며 지역에 따라
유연하게 대처가 가능한 이동시청은 곳곳에서 사업을 진행하기 가장
효율적이고 편리한 도구였다. 시민의 요구를 들어 주고 즉각적인
도움을 주기 위한 공간인 이동시청은 사실 도시개조의 수단이라 할
수 있다. 이동시청이 등장하면 양성화라는 기조 아래 근방의 불법
무허가 임시주택은 하나 둘 사라졌다.
한강 주변 풍경이 하루가 다르게 변했고, 허허벌판의 영동지구는
서울의 신천지 강남이 되었다.

　　역설적으로 가장 처리하고 싶은 낡은 가건물을 정리하기 위한
도구는 또 다른 가건물이었다. 이동시청과 더불어 도시 개조에 힘을
실어 준 가건물로는 서울시청 앞 광장에 설치된 도시계획전시관이
있다. 이동시청이 빠르게 돌아가는 개발 현장에서 용이한 장치였다면
도시계획전시관은 서울시청 앞 상징적인 광장에서 서울이라는
도시 전체의 이상과 장밋빛 미래를 이미지로 제시했다. 이 임시적인

4
1968년 1월 1일
서울시청 앞 광장에서
한강건설 이동시청의 개청
행사가 열렸다. 서울시는
행정개혁, 한강건설,
영동구획정리 3개 분야의
이동시청을 운영하였다.

5
1968년 2월 1일
영동건설 토지구획정리
작업 현장에 이동시청이
설치되었다. 토지구획
정리사업 발표 9개월
만에 30만 평의 부지
작업이 모두 완료되었다.
이동시청은 현장에서
직접 대응이 가능했기에
효율적으로 업무를
처리하며 서울시정의
촉매제 역할을 했다.

6
1967년 8월 제2차
경제개발 5개년계획
(1967~1971년)과 관련
하여 서울시청 앞 광장에
도시계획전시관이 설치
되었다. 전시관에는 살기
좋은 서울을 위한 도시
전체의 이상적인 이미지
들이 제시되었다.

7
전시담당 공무원이
김현옥 시장과 시민들
에게 앞으로 변화할
서울의 모습들을
설명하고 있다.

파빌리온에는 '대서울도시기본계획', '새서울백지계획(무궁화 계획)'
등 각종 도시계획의 모형도와 도표 등이 전시되었다. 보다 살기 좋은
서울을 만들기 위한 도시 계획 그림들은 시민들에게 스펙터클한
볼거리를 제공했다.

　　이동시청은 언제 어디서든지 개발의 부름에 응답했다. 김현옥
시장이 떠난 자리에도 이동시청은 개발 현장 곳곳에서 목격되었다.
1980년대 개포동, 시흥, 금호동 등 신흥개발지역이나 저소득층
밀집지역에서 주민들의 민원을 청취하고 해결하는 데 이용되었다.
가장 최근에는 2008~2009년 뉴타운 사업과 같은 도시개발 사업이
활기를 띠던 시기에도 '찾아가는 부동산 현장상담소'로서 역할을
했다. 이동시청은 현재에도 유효한 이동성이라는 개념으로 오늘날
서울의 변화를 견인했다. 한편으로 동시에 개인의 역사가 담긴 임시
무허가 주거지를 서울에서 걷어내는 절개 도구로 존재했다. 가건물은
좋고 나쁨의 평가 대상이 아닌 그 자체로 우리 주변에 산재해 있었다.
정치적으로 도시 개발과 재생이 포장하기에 따라 의미와 결과가
달라질 수도 있듯이 가건물의 모호한 이중성은 우리에게 민낯을
드러내고 있는 셈이다.

　　그 민낯을 바라보는 시선을 최근으로 돌려 보자. 2011년 화재로
사라진 포이동 판자촌 이야기다. 사회의 무관심 속에서 사람들은
누군가의 주거지가 한순간에 사라졌다는 사실에 크게 신경 쓰지
않았다. 개인의 역사가 너무 쉽게 상실되었다. 이후 그 터에서는
작지만 새로운 활기를 불어넣는 일들이 일어났다. 아이들을
위한 공부방이나 어르신들을 위한 쉼터가 예술가들의 도움과
주민들의 협업을 통해 만들어진 것이다. 젊은 부부 건축가 집단인
와이즈건축WISE Architecture의 <포이동 모바일 원두막>이 그중
하나다. 이것은 같은 맥락의 사회적 문제를 두고 벌어지는 가건물의
또 다른 시도다. 포이동 모바일 원두막은 포이동 아이들에게 필요한

8

8
서울시 강남구 포이동 판자촌과 도곡동 타워팰리스가 극한 대비를 이룬다. 2011년 6월 12일 포이동 266번지에 발생한 화재로 인하여 판자촌 96가구 중 74가구가 전소되었다.

9
포이동 공부방 아이들과 인연을 맺어온 이아람 씨는 <논:템포러리>라는 구호 프로젝트를 기획하여 와이즈건축에게 파빌리온을 의뢰했다. 와이즈건축은 <포이동 모바일 원두막>이라는 이름으로 자유로운 이동과 활용이 가능한 구조물을 제안했다.

9

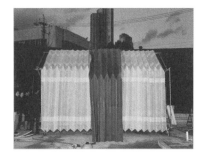

공간을 시기적절하게 제공하는 아이디어로 주목을 받았다. 자유롭게
공간을 접었다 펼 수 있는 이동식 플라스틱으로 만들어진 이
구호건축은 포이동 주민 누구나 사용할 수 있도록 고안되었다.
일본 건축가 반 시게루가 3.11 도호쿠 대지진을 위해 만든 천막/
파티션이나 종이 건축처럼 오늘날 파빌리온들이 이러한 담론을
만들어 내고 있다. 다국적 기업인 이케아IKEA도 2013년부터
난민들을 위한 조립식 가설건물을 제공하고 있다. 결국에는
부서지고 철거를 전제했던 가건물이 지속가능한 가치를 담아내는
것으로 지평이 넓어지고 있다. 가건물은 도시개발의 수단에서 아픈
사회를 치유하는 장치로도 모습을 바꾼다.

불시착한 문화의 창발 기지, 쿤스트디스코

개발 드라이브가 이끈 서울 대변화는 한강의 기적을 만든다.
그 정점에 88서울올림픽이 있다. 불가능을 가능으로 만든 동방의
작은 나라에서 세계적인 문화스포츠 축제를 열기 위해 도시는 다시
일순간 모습을 바꾸었다. 올림픽은 개발 도상국에서 선진국으로
가고자 하는 낙관적 기대가 가득했던 대한민국을 전 세계에
널리 알리는 기폭제였다. 이때 본격적으로 국제적인 문화 교류가
시작되었으며 그간 보던 것과는 다른 형식의 문화적 산물이 예술의
이름을 빌려 소개되었다. 건축에도 예외는 아니었다.
　　서울올림픽 문화축전행사인 한강축제를 위해 서독정부는
문화교류차원에서 대한민국 정부에 <쿤스트디스코Kunstdisco>라는
가건물을 선물한다. 이곳에는 젊은이를 위한 꿈과 휴식과 낭만의
공간이란 이름이 붙었다.[14] 예술이라는 뜻의 독일어 쿤스트Kunst가
디스코라는 더없이 자유로운 단어와 만난 것이다. 독일의 젊고
유능한 예술가들의 아이디어로 탄생한 <쿤스트디스코>는 그 시대
우리에게 낯설었던 향락과 자유주의가 배어든 총체예술의

10
<포이동 모바일
원두막>은 PVC 골판지
플라베니아로 만든
이동식 플라스틱 구조물
이다. 가로와 세로
각 3미터 크기를
기본으로 두 개 이상
연결해서 사용할 수 있어
확장 가능하다. 웹진
<마가진>의 후원과
참여한 이들의 자발적인
기부로 자원을 마련하고,
두달 정도의 제작 기간을
거쳤다. 건축가 김지호를
비롯 공부방 아이들과
교사, 자원봉사자 및 주민
등이 제작에 힘을 보탰다.

기지로서 1988년 9월 6일부터 10월 2일까지 총 26일간 운영되었다.
무용, 음악, 조명 등 무대예술의 요소와 일상생활의 관습적 행위가
무대에 낯설게 등장한 일종의 해프닝 예술이 펼쳐지는 종합예술의
장소였다.[16] 여의도 앙카라 공원에 불시착한 이 파빌리온은 대지
면적 약 6,800제곱미터에 연면적 1,320제곱미터의 지상 3층 규모로
설치되었다. 이곳은 대형무대, 레스토랑, 바, 휴식공간 등으로
채워졌다. 입장료 3,000원을 내면 자유롭게 '행위예술'이라는
혁신적인 문화를 즐기고 참여할 수 있었다. 입장료가 비싸서
상업적이라는 비판도 받았지만 그간의 디스코텍과는 분명한 차이가
있었다. 이곳은 매일 500여 명의 젊은이들이 모여든 서브컬처의
기지로 한동안 인기를 끌었다.

　　<쿤스트디스코>는 당시 20대 후반이었던 독일의 젊은
건축가 부부 페터 본Peter Bohn과 율리아 본Julia Bohn이 설계했다.
<쿤스트디스코>의 국내 파트너로서 당시 그들과 교류했던 건축가
정기용은 <공간> 1988년 9월호에 게재한 논고에서 <쿤스트디스코>에
대한 세 가지 주요한 건축적 이슈들을 아래와 같이 이야기했다.

　　첫째는 도시건축과 임시구조물의 상응관계이다. 모두 비슷비슷한
상자형 건물이 즐비한 서울에서 젊은 두 독일 건축가는 가볍고
개방적인 '하나의 깃털'과 같은 가건물을 제시했다. <쿤스트디스코>는
판자촌의 집들처럼 도시계획과 건축법규의 제약에서 벗어난 건물이다.
'임시'라는 이름에 담긴 관용적 측면 때문에 다른 건축물과는 다르게
용기 있는 모험이 가능했다. 이러한 현실적 규약을 벗어나는 새로운
시각은 견고한 서울의 건물들에 대응하는 유연한 '유랑건축'의 재현을
꿈꾸게 했다.

　　둘째는 러시아 구성주의Constructivism와 한국 전통건축의 만남이다.
<쿤스트디스코>에는 철저한 비례 감각 뒤에 러시아 구성주의자들의
문법이 자리 잡고 있다. 특히 한국 전통 지붕 형상을 역으로 사용한

11

12

11
올림픽 문화예술 축전을
통틀어서 외국인이
남긴 유일한 건물인
<쿤스트디스코>는 체제
전복적인 성격으로
기획되어 건축을 비롯한
당시 문화예술계의
큰 주목을 받았다.
건축물을 기증받았다는
독특한 배경에서 출발한
이 가건물은 당시 설계를
신인에 가까운 젊은 부부
건축가들이 맡았다는
점에서도 특별했다.

12
<쿤스트디스코>는
건축가뿐만 아니라
서독의 30세 전후 젊은
예술가들이 팀웍을 이뤄
의상, 음악, 공연 등 각
요소들을 한데 어울리게
한 일종의 전위예술의
기지로 기획되었다.
공연과 음악은 매일
바뀌었고, 참가자들을
위해 매번 새로운
의상들이 제작되었다.

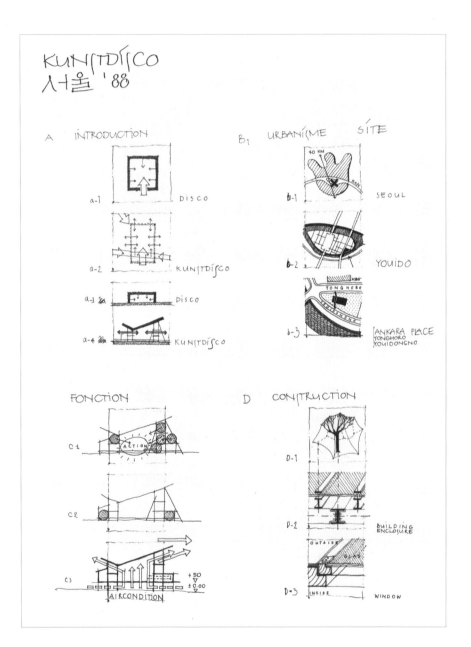

KUNITDISCO
서울 '88

A INTRODUCTION

a-1 DISCO
a-2 KUNITDISCO
a-3 DISCO
a-4 KUNITDISCO

B₁ URBANISME SITE

b-1 SEOUL
b-2 YOUIDO
b-3 ANKARA PLACE
YONGHORO
YOUIDONGNO

C FONCTION

C1
C2
C3 AIRCONDITION
+50
±0.00

D CONSTRUCTION

D-1
D-2 BUILDING ENCLOSURE
D-3 WINDOW
OUTSIDE
INSIDE

환기그릴의 의장적 처리는 전통건축과 구성주의 문법의 적절한
조화를 보여 준다. 추녀를 내민 모습에서 내외공간 사이의 전이공간을
해석하고, 쳐든 지붕선에서 역동적인 모습을 찾아내거나, 남쪽을
개방하고 북쪽을 부속 건물로 폐쇄하는 등 이와 같은 디자인은
서구의 전위적인 언어와 우리 전통이 교차하는 신선한 충격을 주었다.

   셋째는 건축자재로서 노출철골조에 대한 재고이다. 앞서 페터
본과 율리아 본이 서울의 도시건축물에 대해 느낀 바와 같이 서울은
선이 사라지고 폐쇄된 덩어리로 차 있었다. 임시 구조물이라는 점에서
시공비 절감을 위해 필요한 부분이었겠지만 <쿤스트디스코>는 당시
도시 풍경과 대비되는 있는 그대로의 구조를 보여 주었다. 여기까지가
새로운 형식의 껍질이라면 <쿤스트디스코>의 새로운 알맹이는
시민들의 참여라고 정기용은 말했다. 일시적이지만 공간을 점유하는
가건물도 그것의 구상 단계부터 진행 과정을 시민들에게 전달하고
재고할 수 있게 하는 것이 우선시 되어야 한다고 그는 강조했다.[17]
이는 사실 오늘날 파빌리온을 확장해서 논의할 때 언급되는
지속가능성과도 연결되는 지점이다. 공공의 유희 공간은 그것을
가능하게 한 계기도 중요하지만 마지막 철거되는 순간까지 대중과
어떻게 호흡을 맞출 수 있을지 세심한 고민이 필요하다.

   당시 460만 마르크(약 17억 원)라는 엄청난 예산이 투입된
이 가설무대에 담긴 이후 사연은 흥미롭다. <쿤스트디스코>는
오늘날 민간과 공공기관 등 다양한 주체의 주도로 실현되는
파빌리온의 기획 배경과도 연결된다. 개발과 성장의 정점에서
문화적 갈증을 해갈하기 위한 낯설고도 급진적인 영토를 탐색하는
시도는 가건물의 문화공간화를 이루었다. <쿤스트디스코>는
유희적 성격의 공간으로서 그동안 터부시되었던 가건물의 의미를
새롭게 등장시킨다. 풍요롭고 잉여로운 삶이 펼쳐지는 곳에서
벌어지는 축제를 위한 도구로서 문을 연 셈이다. 하지만 한 건축가의

13
<쿤스트디스코>에는
도시 건축과 임시
구조물의 상응 관계,
러시아 구성주의와 한국
전통건축의 만남, 노출
철골구조에 대한 재고와
같은 건축적 이슈들이
담겨져 있다. 도판은
설계를 위한 다이어그램.

선견에도 불구하고 여러 다양한 문화적 용도로 활용될 예정이었던
<쿤스트디스코>는 올림픽 폐막 이후 폐쇄된 채 몇 년간 방치되었다.
<쿤스트디스코>는 1990년 9월 서울시 동작구 보라매공원으로
이전된 뒤 1991년부터 한국체육진흥회의 관리 하에 체육 프로그램
시행 장소나 서울액션스쿨 등으로 활용되었다. 가끔 바둑대회나
결혼식장으로도 이용되며 점심시간에는 주변 직장인들의 탁구장이
되기도 했다고 한다.[18] 그리고 2007년 보라매공원 재정비 사업이
시행되면서 <쿤스트디스코>는 철거되어 사라졌다. <쿤스트디스코>는
양질의 문화적 토양에서 발아하지는 못했지만 우리나라 가건물의
문화적 맥락을 이끌어 냈다. 결국 준비되지 않은 미완의 토양에
불시착한 셈이 되었지만 파빌리온이 새로운 문화적 실험을 위한 장을
제공하는 장치라는 관점으로 볼 때 <쿤스트디스코>는 국내에서
현대적 개념의 파빌리온의 시조로 볼 수 있다.

진화하는 모델하우스

파빌리온이 유희를 위한 장치로 등장한 시기는 우리 사회가 문화에
대한 인식을 확장하던 때였다. 이처럼 가건물이 새로운 지위와 의미를
획득할 때쯤 한국은 판자촌이 아닌 아파트가 가득한 곳으로 바뀌어
있었다. 저층에서 고층으로 모습만 바꾸었을 뿐 아파트를 부수고
다시 아파트를 짓는 재건축 사업이 여전히 벌어진다. 아파트는
다른 무엇보다 현대적인 삶을 상징했다. 성공한 도시민들의 삶의
터전으로서 생존의 문제를 벗어난 욕망의 장소였다. 아파트는
가난하고 어두웠던, 김훈이 <가건물의 시대 속에서>에서 그토록
벗어나고 싶어 했던 깊은 절망의 장소 반대편에 위치한 지점일지도
모른다.

　　그렇지만 가건물의 시대를 탈주한 '아파트 키드'들에게도
가건물의 '코드'는 유효했다. 오래된 것들은 힘이 없었고, 매우 쉽고

용이한 방식으로 우리 환경은 재빠르게 모습을 바꾸었다. 아파트도
가건물처럼 쉽게 헐렸다. 유연하나 약하고 볼품없는 가건물의
시대를 벗어났지만, 여전히 우리는 같은 작동 방식 속에서 머물렀다.
집을 쉽게 사고파는 행위도 임시적인 삶의 양태를 부추겼다. "주택이
유행상품처럼 취급되는 것은 놀라운 일"이라는 프랑스 사회학자
발레리 줄레조Valérie Gelézeau의 <아파트 공화국>(2007)에서의 진단은
의미심장했다. 모델하우스는 아파트의 손쉬운 환매 방식을 위해
만들어진 특별한 임시 건축물이다. 모델하우스는 아파트가 하나의
물건으로 취급됨에 따라 물건을 사고팔기 전 대면하는 샘플 제품으로
기획되었다. 선분양 후시공이라는 독특한 우리나라만의 주거
생산방식이 빚어낸 시뮬라르크 건축이다. 화장품 하나를 사더라도
테스트를 해 보는 것에 익숙한 소비자가 생애 가장 큰 소비재인
아파트를 사는 데 샘플을 보고 싶어 하지 않을까. 모델하우스는
이런 소비자의 심리를 노렸다. 모델하우스의 등장으로 우리는 아직
완성되지도 않은 가짜 공간을 보고 구매를 결정하는 미묘한 상황에
마주한다. 실제 주거 공간보다 매우 세련되고 우아하게 연출된
모델하우스는 당대의 유행과 욕망을 반영하며 전략적으로
진화해 갔다.
　　1970년대 우리나라 아파트는 42,000가구로 전체의 0.7퍼센트
정도였다. 약 40여 년이 흐른 2009년 통계를 보면 628만 5,201가구로
급증했다. 엄청난 물량의 공급과 소비를 견인하는 데 모델하우스가
큰 역할을 했다. 다른 사람이 우리 집 위에서 '볼 일을 본다'는 사실
만으로도 아파트에 대한 인식이 좋지 않았던 시절, 이를 만회하기 위해
최초의 모델하우스가 동부이촌동에 등장했다. 1969년 한강아파트
분양을 위해 지은 샘플하우스였다. 물론 지금과는 달리 분양 현황판,
지역 안내도, 모형 등을 보여 주는 정도였다. 1970년대 강남권
개발, 1980년대 목동, 과천 개발 그리고 1990년대 초 일산, 분당 등

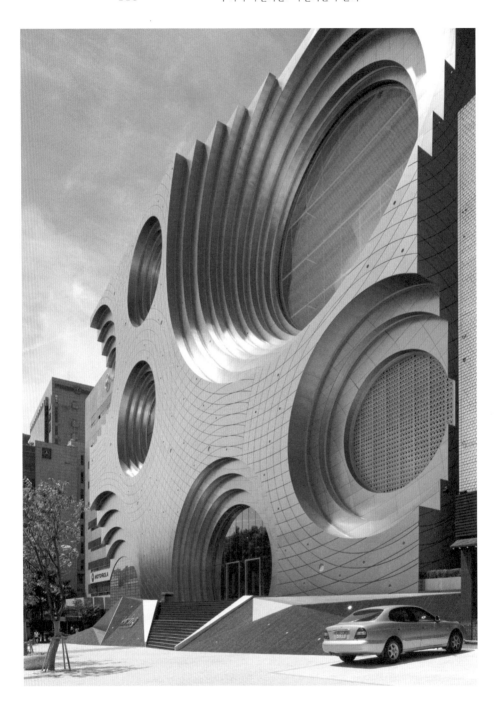

신도시 건설 시기까지 모델하우스는 조기 분양의 고리 역할을 했다.
모델하우스에서 사람들은 새 아파트가 보여 주는 이미지에 자신을
투사했다. 모델하우스는 가질 수 없는 신기루 같은 꿈과 희망 그리고
초라한 낭만을 꿈꾸는 개인의 욕망들을 담았다.[19]

　　1997년 외환위기에 따른 부동산 침체를 돌파하고 2000년대에
들어 국내 주택시장이 사상 최대의 호황을 누리면서 아파트는
브랜드 네임을 갖게 되었다. 건설사들은 저마다 브랜드를 앞세워
본격적인 아파트 이미지 전쟁을 시작했다. 2000년 2월 주택업계
최초로 브랜드 'e편한세상'이 등장했다. 광고에도 유명 톱스타들이
출연하여 소비자들의 마음을 공략했다. 모델하우스에도 역시
변화가 필요했다. 2000년대 중반 이후 모델하우스는 건설사와 유명
건축가의 협력적 산물로 재탄생했다. 2006~2008년은 그중에서도
정점에 달했던 시기다. 복합문화관 <크링Kring>은 가장 대중에게
많이 노출되고 회자됐던 모델하우스 중 하나다. <크링>은 원circle을
뜻하는 네덜란드어에서 온 이름이다. 눈길을 끄는 원형 파동과
같은 외형만큼 극장, 공연장, 카페, 전시장, 미팅룸, 오픈키친,
스카이라운지 등 다양한 공간을 품고 있다. 특별히 분양할 때를
제외하고는 모델하우스보다 문화시설로 사용된다. <크링>은 정신
없이 돌아가는 도시생활에서 문화와 삶의 여유를 전해 주는 문화
공명을 일으키는 장소로 기획 취지를 밝히고 있다.[20] 소비자의 문화적
욕구는 증가하고 기업들은 전략적으로 그러한 심리를 이용한다.
건축가의 개입으로 모델하우스는 문화적 색깔을 띠는 파빌리온으로
새 옷을 입었다. 과거 단순한 조형으로 몇 개월, 길게는 1~2년의
수명을 할당받고 설치되던 이 파빌리온은 새로운 복합 공간으로
진화하여 도심 속에 등장했다. 주부들은 모델하우스에서 팍팍한
일상을 내려놓고 각종 공연, 전시, 강연, 이벤트 등을 즐겼다. 허상을
사고팔던 가짜 공간은 문화적 소비 공간이 되었고 모델하우스는

14
건축사무소 운생동
(장윤규, 신창훈)이 설계한
대우건설 주택문화관
<크링>(구 금호건설
모델하우스). 2000년대
중반 이후 모델하우스는
건설사와 유명 건축가의
협력적 산물로 재탄생했다.
건축가 승효상과
현대건설의 힐스테이트
주택문화관, 건축가
민성진과 GS건설의
자이갤러리, 건축가
조민석과 GS건설의
부산 자이갤러리, 건축가
다니엘 리베스킨트와
현대산업개발의 부산
I'PARK 모델하우스 등이
모두 이 시기에 등장했다.
삼성역 인근에 위치한
<크링>은 그중에서
인상적인 외관으로
사람들의 시선을
사로잡아 인기를 많이
얻은 모델하우스다.

15   16

17

새로운 현대건축의 유형으로 유명 건축가들의 포트폴리오를
장식했다. 예식장 건물처럼 키치적이라는 이유로 그간 비평의 대상이
되지 못했던 모델하우스가 건축가의 개입으로 인해 매체 문화면에
등장하기 시작했다. 모델하우스는 다양한 프로그램을 담으면서
건축의 실험장이 되었고 덕분에 각종 건축디자인 시상식의 주인공이
되는 당당한 진짜 건축이 되었다.

    개인의 생존을 위한 저항의 임시 주거는 그 작동 메커니즘에서
물리적 임시성을 띠었다. 철거되고 세워지며 끈질기게 버텨내기를
반복했다. 그러나 결국엔 사라진 저항의 임시주거를 대체하기 위한
견고한 도시건축물들은 또 다시 임시적 가짜 건물인 모델하우스에서
거래되었다. 진짜 건물이 완성되면 철거되어야만 하는 태생적 한계를
안고 있는 이곳은 물질적인 여유를 성취한 이후의 욕망의 단면을
비춘다. 이제 모델하우스는 실제 건축의 생애주기를 반복하며 숨을
오래 이어간다. 모델하우스의 문화적 진화는 가건물의 진화를
반영한다. 가건물을 제공하는 자와 그것을 이용하는 사람 사이의
미묘한 줄타기가 여기에도 있다. 건설사(기업)에게는 단기간 임시
건축이라는 한계를 극복하고 훌륭한 마케팅 장소로 활용되었다.
동시에 대중에게는 개인 욕망의 표출통로로 백화점의 문화센터 같은
다양한 볼거리의 공간으로 인식되었다.

가건물은 깊다

판자촌에서 모델하우스까지 한국 사회에서 가건물은 배제와 반영의
양 극단을 오가는 흥미로운 건축의 기호로 작동한다. 삶의 많은
측면들이 견고하게 뿌리 내리지 못하고 다이내믹하게 움직이는 지금
이곳에서 가건물은 단순히 건축에 대한 이야기를 넘어선, 우리 사회의
어떤 단면을 생생하게 보여 준다. 지금도 우리 사회 곳곳에서 임시
건축은 지어지고 부서진다. 나아가 설치되고 해체되는 행위를 통해

15, 16
가건물의 성격이 강한
파빌리온은 우리 사회
발전을 견인했던 숨은
공로자다. 우리 사회의
복잡한 단면을 보여 주는
상징적인 파빌리온뿐만
아니라 일상에 스며든
파빌리온까지 이 건축은
도시에 다채로운 감정을
채운다.

17
길거리에 매끈하게
세워진 팝업 스토어들은
소비를 위한 유희적
가건물이다. 특히 다국적
기업들은 전세계 도시
곳곳을 대상으로 임시
건축을 시도하고 있다.
사진은 HWKN이 설계한
뉴욕 유니클로 큐브.

퍼포먼스처럼 일시적인 메시지를 전한다. 번화한 밤거리의 포장마차, 여가를 위한 둔치 위 텐트 등은 익숙한 일상의 파빌리온이다. 형태는 다르지만 광장에 펼쳐진 천막과 같은 임시 건축은 여전히 저항을 위한 파빌리온이며, 길거리에 매끈하게 세워진 팝업 스토어들은 소비를 위한 유희적 가건물이다. 아파트에 대한 인기가 다소 사그라들면서 새로운 욕망의 공간으로 떠오른 신흥 단독주택지구에서도 집장사들의 미니 샘플하우스들은 인기가 많다. 한편 지나치게 도시에 개입하는 건축가나 예술가들의 파빌리온은 때로 도시의 고요함을 깨뜨리기도 한다. 물리적인 개입으로 장소에 활기를 가져다 줄 것이라는 지나친 낙관론은 실제 그것을 보는 사람들에게 시각적 피로감을 안긴다. 대규모 개발계획이 더 이상 유효하지 않은 저성장 시대인 지금 파빌리온은 가짜 건축이 아닌 진짜 건축의 언어로 섬세하게 기획되고 평가되어야 한다.

　우리에게 가건물은 부정적으로 배척하거나, 비주류의 대상으로 삼아 버리기에는 너무나 깊다. 가건물을 하나의 커다란 대안적 시스템으로 본다면, 그것은 우리 현실을 아주 투명한 거울처럼 비춘다. 파빌리온에 담긴 인식의 지평을 넓히는 이러한 시도들을 통해서 가건물은 다시 읽히기를 기다린다. 누군가 뿌리 없는 가건물에서 역사를 읽고, 또 만들기 어렵다고 했지만 이를 인정하고 마주할 때 이야기는 비로소 시작될 것이다. 우리는 여전히 가건물의 시대 속에 있다.

정다영, 국립현대미술관 학예연구사

정다영은 건축과 도시계획을 공부하고 월간 <공간>에서 건축 전문 기자로 일했다. 2011년부터 국립현대미술관 학예연구사로 재직하며 건축 부문 전시 기획과 연구를 진행하고 있으며 젊은건축가포럼 운영위원으로 활동했다. 기획한 전시로는 국립현대미술관 첫 번째 파빌리온 프로젝트인 <아트폴리 큐브릭Art Folly Cubric>(2012)을 비롯, <그림일기: 정기용 건축 아카이브>(2013), <이타미 준: 바람의 조형>(2014), <장소의 재탄생>(도코모모코리아와 공동기획, 2014), <아키토피아의 실험>(2015) 등이 있다. 화이트 큐브를 벗어난 장소에서의 건축 전시에도 관심이 많으며, 그 일환으로 프로젝트 팀으로 참여한 전시 <어반 매니페스토 2024Urban Manifesto 2024>(서촌 일대, 2014)를 공동기획했다.

조수진, 대안건축연구실 연구원

조수진은 중앙대학교 건축학부를 졸업하고 친환경 건축 관련 실무 경험을 쌓은 후 동대학원을 졸업했다. 파빌리온을 일종의 설치건축의 영역에서 바라본 <인스톨레이션 건축: 시간성, 유연성, 윤리성의 특징에 대한 연구Installation Architecture: A Study on the Characteristic of Timeness, Flexibility, Ethicality> 논문으로 건축학 석사 학위를 받았다. 건축과 대중 사이의 간극을 줄이는 여러 연구 및 전시 프로젝트에 참여하고 있으며 일상 공간에 설치되는 건축 형태에 관심이 많다. 설치건축, 랜드마크 등을 주제로 한 논문을 발표하였다.

글.함성호

기억의 場 :
中의 공간, 空의 가능성 -
광주폴리

트라우마의 공간 광주는 예술로 도시의 공간을 보상할 수
있을까? 광주는 디자인 비엔날레와 궤를 맞추어 끊임없이
도심에 폴리folly를 세우려 시도하고 있다. 투쟁의 장소였던
금남로 주변의 여느 도시와 다르지 않게 사유화된 모습은 도시의
소음들이 무심한 일상을 연속할 뿐이다. 구도심 전체에서 쉽게
형성되지 않는 기억의 장은 낯선 방문객에겐 무지의 공간감을 줄
뿐이다. 폴리는 기억을 표현하고 사라지는 장소다. 기억을 추모나
기념으로 되살리는 것이 아니라 얽매이지 않는 자유의 공간으로
만든다는 것이다. 광주의 폴리는 가정적假定的이다. 지금까지의
폴리들에 대한 의견은 인지성과 특정 프로그램의 부재에 의한
사용자들의 불만에 있지만 폴리의 기능은 애프터서비스의 대상은
아니다. 폴리에서는 가정적으로 주어진 자유를 즐겨야 한다.
한 숨에서 자유를, 다른 한 숨에서 찰나의 기억을, 또 다른
한 숨에서 일상으로 발걸음을 내딛는 것을 느끼게 하는 폴리는
여전히 쓸데없는 구조물이어야 할지 모른다.

역사가 아니라 기억이다

우리가 살아온 모든 날들은 그날이 흘러간 오랜 후에는 기억이
되고 역사가 된다. 그렇다면 역사가에게는 사실이 중요할까, 해석이
중요할까? 랑케L.V.Ranke의 실증주의 사관에서는 사료에 대한
철저한 고증이 무엇보다도 우선시 되었다. 역사가는 사실을 떠나서
존재할 수 없고, 사료의 객관성을 위해 일체의 목적의식이나 선입견을
가져서는 안 된다는 것이다. 사실 앞에서는 장사가 없다는 것도
부인할 수는 없다. 반면에 카E.H.Carr는 역사가의 해석에 초점을
맞춘다. "역사란 역사가와 그의 사실들의 지속적인 상호작용의
과정, 현재와 과거의 끊임없는 대화"라는 것이다. 역사는 역사가의
해석이라는 것이다. 그러나 포스트모던 역사이론에서는 과학적
해석보다는 문학성에 주목하며, 종교사, 문화사, 제국사, 여성사,
젠더사와 같은 미시사에 주목한다. 그러면서 역사를 좀 더 생생하게
전달하고자 한다. 미시사에 대한 관심은 공인받지 못한 기억의
중요성을 이끌어 내었다.

　　피에르 노라Pierre Nora의 <기억의 장Les Lieux de Mémoire>[21]은
기존의 역사학에 의문을 던졌다. 우리의 기억이 역사가 된다면
거기에는 필시 역사가 되지 못한 기억이 존재할 것이다. 그는
단호하게 '역사에서 기억으로의 인식 변화'를 요구한다. 노라는
공인된 역사의 주변에는 항상 공인받지 못한 기억의 장이 있다고
본다. 이 기억의 장을 되살려 공인된 기억을 보강하고, 새롭게 쓰는
새로운 역사의 기술이 필요하다는 것이다. '기억의 역사'는 과거의
사건들이 이후 사회 구성원들의 기억 속에서 선택과 배제의 논리 아래
어떻게 구성, 혹은 재구성 되었는가를 탐문한다.

　　피에르 노라가 기획한 프랑스의 <기억의 장>은 120명에 달하는
역사가, 문학인, 사상가들이 참여해 1984년에서 1992년까지 발간한
전 7권 135편으로 구성된 장대한 기획이다. 이 기획은 프랑스인의

'국민감정'이 어디서, 어떻게 시작되었는지 연구하기 위해 집합적
기억이 뿌리 내린 장소를 분석하여 지금 '프랑스'라는 것들을
구성하는 방대한 위상을 규정, 혹은 창조하고자 한 프로젝트였다.
정지영, 이타가키 류타, 이와사키 미누루 등에 의하면, 이러한
역사를 대체하는 기억의 문제는 비단 프랑스뿐이 아니라 알제리
전쟁의 역사를 둘러싼 논쟁에서도 나타난다. 알제리에 대한 프랑스
식민주의의 가해행위를 외면해서는 안 된다고 주장하는 마그레브
이민 2세와 3세를 중심으로 한 운동단체는 '기억의 이름으로'라는
이름을 내세웠다. 세르비아 민병에 의해 사라예보의 도서관이
불탔을 때도 많은 사람들에게 그것은 '기억의 말살'로 받아들여졌다.
또한 피에르 비달 나케Pierre Vidal-Naquet는 홀로코스트를 부인하는
역사수정주의자들을 '기억의 암살자'라고 비난했다.

　　이러한 기억은 우리에게도 있다. 일본제국주의에 의해 저질러진
수많은 학살의 기억, 위안부 문제와 같은 성적 폭력, 그리고 한국군이
베트남 전쟁에서 벌인 살육행위도 기억의 힘으로 역사의 장을 찢고
나왔다. 특히 위안부 문제는 '기억의 장'과 국가가 공인한 '역사'와의
첨예한 대립을 보여 주고 있다. 한국전쟁 시기 국가조직에 의해
벌어진 양민학살, 민주화 과정에서 휘둘러진 국가 폭력, 그리고
광주항쟁까지, 기억은 역사에 조정을 요구한다.

　　기억이 중요한 것은 단순히 역사의 대립항으로 존재하기
때문만은 아니다. 역사는 기억이라는 바다에서 솟아 나온 섬이다.
'기억의 장'은 기억만이 아니라 그 기억 속에서 역사라는 섬이 어떻게
나오게 되었는지를 아울러 설명한다. 그 동안의 역사라는 논의에서
무엇이 어떻게 왜 배제되었는지, 그리고 어떻게 어떤 목적을 가지고
적극 수용되었는지 집단의 기억을 통해 밝힌다. 역사라는 섬에서
바다를 내려다보는 것이 아니라 기억이라는 유동적이고 복수적인
바다 속에 몸을 던지면서 무엇을 배제하며 역사가 되었는지를

비판적으로 재조명하는 것이다.[22] '기억의 장'이 무엇보다 중요한
것은 그것이 이야기되어지는 과정에 있다. 역사와 달리 '기억의 장'은
과정의 역사다(어쩌면 통념적인 역사가 아닐지도 모른다). 한국의
근현대사에서 기억을 얘기하는 것은 프랑스나 알제리, 사라예보의
경우와 다른 상황을 가진다. 왜냐하면 한반도의 현실은 분단으로
인해 그 무엇도 아직 확실하게 역사의 섬으로 떠오르지 못했기
때문이다. 다시 남한의 현실로 들어오면 이명박 정부를 거쳐, 박근혜
정부에 오면서 역사로 굳히려는 기억의 장과 그것을 저지하는
기억의 장이 첨예하게 부딪히고 있다. 광복 70주년을 맞아서 발표한
광복절 경축사에서 "오늘은 광복 70주년이자 건국 67주년을
맞는 역사적인 날"이라는 발언이 문제가 된 것도 같은 맥락에서다.
이에 대해 <경향신문> 8월 17일 자 사설은 그 저의를 다음과 같이
교정했다. "제헌헌법은 전문前文에서 '기미 3·1운동으로 대한민국을
건립하여(…)이제 민주독립국가를 재건함에 있어서'라고 명시했다.
대한민국이 1919년 '건립(건국)'되고 1948년 '재건'되었음을
분명히 했고(…)현행 헌법 전문도 '3·1운동으로 건립된 대한민국
임시정부의 법통을 계승'한다고 밝히고 있다. 이승만 전 대통령도
관보 제1호에 '(대한)민국 30년'이란 연호를 사용했다. 이승만
대통령도 대한민국의 시작을 1919년으로 판단한 것이다." 1948년과
1919년, 이 두 가지 년도에서 남한의 기억의 장은 들끓는다. 친일 –
분단 – 전쟁 – 독재를 거쳐 오면서 역사로 떠오른 섬은 없다고 봐야
한다.

　　민주화를 이루고 섬을 만들었다고 생각한 순간, 보수세력은
다시 그 섬을 가라앉히고 자신들의 섬을 밀어 올리고 있는 중이다.
결론적으로 한반도의 기억은 병적이다. 분단이라는 치명적인 상처가
모두의 기억을 왜곡하고 있기 때문이다. 1980년 광주민주화항쟁도
예외는 아니다. 1995년 '5·18민주화운동 등에 관한 특별법'

제정으로 희생자에 대한 보상 및 희생자 묘역 성역화가 이뤄졌고
1997년 국가기념일로 제정돼 1997년부터 정부 주관 기념행사가
열리고 있지만 '임을 위한 행진곡'을 제창하느냐 합창하느냐의
문제를 두고 새삼 옥신각신하고 있다. 노무현 정권 시절에는
대통령도 같이 불렀던 노래가 정권이 바뀌자 제창하기 껄끄러워진
것이다. 하나의 노래를 두고도 기억은 엇갈린다. 아마도 그것은
누구에게는 폭도의 노래고, 누구에게는 국가 폭력에 당당히 맞선
승리의 노래이기 때문이다.

'기억의 장'으로서의 광주폴리 [23]

광주의 기억 하면, 누구나 저 1980년 광주민주화항쟁을 떠올릴 만큼
광주는 민주화운동의 대표적인 도시가 되었다. 광주민주화운동은
국가 기념일로 제정될 만큼 그 기억은 우리 시대에 깊이 각인되어
있는 현재다. 1980년 5월 18일부터 27일 새벽까지 열흘 동안,
전두환을 중심으로 한 신군부 세력과 미군의 지휘를 받은 계엄군의
진압에 맞서 광주시민과 전남도민이 '비상계엄 철폐', '유신세력 척결'
등을 요구하며 항거했다. 그러나 너무나도 자명한 이러한 역사적
사실이 역사적 사실로 굳어지기까지는 무려 16년의 시간이 지나야
했다. 1980년 당시 대부분의 사람들의 기억에 광주의 시민들은
'폭도'였다. 그리고 그들은 간첩의 사주에 의해 움직이는 불온한
세력이었다. 말하자면 그들은 '빨갱이'였다. [24] 그러나 '빨갱이'들이
국가 폭력에 희생당한 '선량한 시민'이었다는 사실은, 비록
제한적이었지만, 채 1년이 안 되어서 광주를 빠져나온 증거자료에
의해 백일하에 밝혀졌다. 특히 항쟁 기간 중 5월 22~27일 닷새
동안은 시민들의 자력으로 계엄군을 물리치고 광주를 해방구로
만들어 세계사에서 그 유래가 드문 자치공동체를 실현하기도 했다. [25]
하지만 당시에는 아무도 광주에 대해서 입을 열어서는 안 되었다.

1980년 광주의 기억은 금기였다. 당시 광주를 겪은 사람들에게 그해 오월을 물으면 그들은 울기부터 했다. 억압된 기억은 '광주사태'로 불렸다. 그리고 1987년 유월항쟁의 물결이 전국적으로 일어났다. 그때 광주 금남로의 기억을 문학평론가 김형중은 다음과 같이 기억한다. "1987년 6월 중순의 어느 날은 그보다 더 선명히 기억한다. 20만이라고들 했다. 금남로 1가 구광주은행 본점 사거리에서 경찰의 바리게이트를 밀어내고 네 방향에서 전진해 온 군중들이 서로 만났던 순간, 누군가 부르기 시작한 노래가 고작 <아리랑>과 <애국가>였다. 방석복과 투구를 빼앗긴 전경들이 군중들 앞에 꿇어앉아 있었고, 멀리 도청이 보였고, 이것은 '승리'란 생각이 들었고, '역사'란 단어가 자꾸 떠올랐고, 그대로 죽어도 좋을 것 같았고, 인간이란 종이 대단해 보였고, 그래서 그 노래를 부르는 내내 울지 않는 이가 없었다. 훗날 나는 마르쿠제를 읽으면서 그런 감정의 정확한 명칭을 알게 되었다. 그것은 '에로스 효과eros effect'였다. 합쳐지는 것의 위대함이 내 몸속에 일종의 '획득형질'로 각인되는 순간이었다. 이후로 나는 사람들이 합쳐지는 장면, 목소리가 더해지는 장면, 하나가 둘이 되고 둘이 셋이 되는 장면을 보면 어김없이 콧날이 시큰해진다. 다 금남로에서 얻은 획득형질이다."[26] 그 후 12.12 사태에 대해서는 '쿠데타적 하극상'이라고 규정하고 문민정부는 5.18 연장선에 있는 민주정부임을 밝힌 김영삼 대통령의 5.13특별담화 이후 '광주사태'는 '광주민주화항쟁'으로 그 이름이 바뀌었다. 그리고 1996년 그날의 기억은 억압의 수면 위로 떠올랐고, 이제 그 누구도 우리에게서 1980년 광주의 기억을 훔쳐갈 수는 없다고 생각했다. 그러나 그 후 10년, 다시 그 기억은 위협당한다. 앞서 얘기한 <임을 위한 행진곡>을 제창하느냐, 합창하느냐의 문제부터, 구전남도청의 철거까지, 1980년 오월 광주의 기억을 지워나가기 위한 작업이 진행되고 있다.

1
1980년에 일어난 5.18 민주화항쟁으로 인해 광주는 민주화운동의 대표적인 도시가 되었다. 광주를 문화 수도로 만들겠다는 약속은 국가 폭력에 희생된 광주시민에 대한 의무이고, 민주화를 위해 흘린 피에 대한 보상이었다. 폴리가 아무리 아무 생각없는 구조물이라지만 그것이 광주라는 장소에 들어섰을 때 가지는 의미는 어떻게든 생기기 마련이다. 광주폴리는 이러한 기억의 배경을 갖고 있다.

　　광주폴리는 이러한 기억의 배경을 갖고 있다. 2002년 노무현 대통령 후보가 광주를 문화수도로 육성한다는 선거공약을 발표하면서 시작된 아시아문화전당의 추진은 광주라는 장소가 가진 상처를 보듬는 작업이었다. 그런데 이러한 보듬기가 정권의 담당자들이 바뀌면서 오히려 기억의 보존을 지워나가는 작업에 이용되고 있는 것이다.[27] 한 도시를 경제·문화적인 이유에서가 아니라, 특정한 사건에 의해서 그 격을 올리거나 떨어뜨리는 것은 우리의 전통에서는 드문 일이 아니다. 후삼국시대 왕건이 팔공산전투에서 견훤에게 대패한 후, 930년 다시 안동에서 견훤과 접전했을 때, 안동의 성주 김선평과 호족들이 왕건을 도와 병산전투에서 고려군이 승리하자 왕건은 고창군古昌郡을 안동부安東府로 승격시켰다. 그런가 하면 전주는 고려 1355년 원나라 사신을 잡아 가둔 일로 목에서 부곡으로 강등된 일도 있다. 광주를 문화 수도로 만들겠다는 약속은 국가 폭력에 희생된 광주시민에 대한 위무고, 민주화를 위해 흘린 피에 대한 보상이었다. 광주비엔날레 역시 그런 연장선 위에 있고, 광주폴리 역시 마찬가지다. 폴리가 아무리 아무 생각이 없는 구조물이라지만 그것이 광주라는 장소에 들어섰을 때 가지는 의미는 어쨌든, 어떻게든 생기기 마련이다. 누구도, 그 무엇도 광주라는 기억에서 빠져 나갈 수 없다. 그것은 광주뿐만이 아니라 다른 경우도 마찬가지다.

　　스위스 출신의 프랑스 건축가 베르나르 추미Bernard Tschumi가 설계한 <라 빌레트 공원>은 공원을 찾는 방문객에게 어떤 기대감을 불러일으키는 아무런 요소도 갖고 있지 않다. 단지, 추미는 건축에 스며 있는 기호와 관습적인 표현을 제거해서 '비장소non-place'를 제시하려 했다. 그러나 처음엔 어땠는지 모르지만 시간이 흐르면서 라 빌레트의 폴리는 예상하지 못했던 이런 저런 필요에 의해서 현재 표지판이 달리고 폴리 주변의 상업적, 문화적 요구를 수용하는

2

2
시각적 공해가 되는
무질서한 간판들을
가리는 캐노피 형태의
긴 폴리 구조물이다.
규칙적인 격자무늬
패턴과 이를 변형한
곡형의 반투명 매시
구조물은 지하로
연장되어 지상으로
올라오는 통로를
덮으며 내외부의
경계를 허문다.
피터 아이젠만의
<99칸>(2011).

3

4

'기능'을 수행하고 있다. 4차원 시공간에서 시간이 공간과 결합되어 있는 것처럼 장소는 기억과 항상 같이 있다. 그러니까 추미가 의도한 '비장소'는 '비기억'과 같은 말이다. 물리학적으로 시간과 공간이 떨어질 수 없듯이 장소와 기억 역시 그렇다.[28] 그러나 공간은 기억과 떨어질 수 있다. 개념적으로도 그렇고 물리적으로도 그렇다. 따라서 추미의 '비장소'는 아직 기억이 생기지 않은 '공간'이다. 즉 아무 생각 없는 공간이다. '아무 생각이 없음none-self-identity'으로 어떤 생각, 어떤 기억의 생성도 가능하고 어떤 기억과도 연결될 수 있는 '中의 場所'가 폴리folly다.

비장소성 – 圖可圖非常圖
design is design is not design

2011년에 광주시내에 등장한 <광주폴리>는 4회 광주디자인 비엔날레의 일환으로 기획된 도시공공시설물의 디자인이었다. 4회 광주디자인비엔날레의 제목은 <圖可圖非常圖/design is design is not design>였다. 기획자의 말에는 디자인의 환경이 전시대와 확연히 바뀐 지금에 그 본질적 의미를 다시 들추어 우리의 삶을 성찰하는데 목표를 두었다고 밝히고, 이름과 장소, 두 가지 키워드를 통해 커뮤니티의 정체성을 구현하는 디자인과 장소성에 입각한 어반 폴리urban folly라는 입장을 전하고 있다. 그런데 막상 뚜껑을 열자, 커뮤니티의 정체성과 장소성에 입각한 디자인은 참여 작가들에게 좀 생소했던 모양이다. 그들은 여지없이 폴리의 본래 의미인 '아무 생각 없음'에 집중했다. 그래서 <광주폴리-Ⅰ>이 완성되었을 때 사람들의 반응은 차가웠다. 전혀 맥락 없는 구조물이 도심 한가운데 나타났던 것이다. 참여작가들이 '커뮤니티의 정체성'과 '장소성'을 생소하게 느꼈듯이 시민들은 그들이 만든 구조물을 생소해했다. 그러나 그 생소함 때문에 <광주폴리-Ⅰ>은 '비장소'의 성격을 띠면서 그곳을

3
도미니크 페로는
<The Open Box>
(2011)에 한국 고전
건축물의 나무 기둥 및
누각과 처마의 콘셉트를
차용하였다. 포장마차의
구조를 활용한 폴리는
목재와 메탈 매시 재료를
사용하였다.

4
현대건축의 거장
렘 콜하스와 잉고
니어만이 만든
국내 최초 시민 참여
여론조사장인 광주폴리Ⅱ
<투표>(2013).
"대한민국은 민주공화국
이라 생각하느냐"는
질문으로 예술 매체를
통한 시민 사회의 정치
참여형 질문을 던진다.

지나는 시민들은, 기존의 정체성 상실로 인한 수동적 즐거움과 함께
'비장소'에서 새로운 역할을 수행하는 능동적인 즐거움을 느끼게
된다. 오제에 따르면, 공항이나 멀티플렉스 영화관의 입장을 위한
티켓, 상품 결제를 위한 신용카드, 대형 할인점의 운반용 카트 등은
비장소를 상징하는 명시적인 기호들로, 비장소에 들어선 사람들은
이 같은 기호와 함께 비장소 특유의 정체성을 부여받게 된다.
이렇게 비장소의 정체성을 부여받는 사람들은 또한 한편으로 항상
신분확인을 통해 그 자신의 '결백'을 입증할 것을 요구받는다. (이와
관련하여 오제의 <Non-Places> 영문판 번역자인 하우는 '비장소'를
뜻하는 'non-lieu'라는 단어가 프랑스어의 다른 용법으로는 '결백'을
가리키기도 한다는 점을 역주를 통해 부연한다. 오제가 이 같은
프랑스어의 이중적 용법을 이용하여 그가 제안하는 비장소의 특징을
설명하고 있다는 것이다.) 비장소의 이용자들은 비장소의 공간과
계약 관계에 놓이는 동시에 자신의 정체성이 비장소를 이용하기에
적합한 정체성으로 새로이 규정된다는 것, 즉 비장소에서는 그 바깥의
일상생활에서 중요한 정체성으로 작용하는 통상의 결정인자들로부터
자유로운 새로운 정체성 - '고객'이나 '승객'이라는 정체성, 그 이상도
이하도 아닌 - 을 위한 자격을 입증하기만 하면 된다는 것이다.[29]
하지만 마르크 오제가 예를 든 '비장소'와 달리 광주폴리는 '비장소를
상징하는 명시적 기호'를 요구하지 않는다. 따라서 폴리의 이용자는
오제가 말한 것처럼, 정체성 상실로 인한 고독과 함께, 타인과
구분되지 않는 유사성으로 특징지어지는 자아 이미지에 직면하게
되지는 않는다. 공항, 영화관, 대형 할인점과 달리 광주폴리는 아무
성격이 없는 '中'의 공간이기 때문이다. 이 자유로움으로 폴리는 어떤
기호도 담아내는 무한한 가능성空으로 꽉 차게 된다. 폴리는 어떻게
이용하는가에 따라서 파빌리온도 될 수 있고, 키오스크도 되며
시위의 장소가 되기도 한다. U대회 개막식에서 선보인 설치미술인

5
광주시민들로 하여금
묻혀 있던 추억을
회상하고 황금로의
잊혀진 역사를 기억
하며, 거기에 또 다른
현재의 광주를 쌓을 수
있는 공간을 선사한다.
수평 돋움장치를 만들어
이곳을 지나는 자동차를
포함한 모든 사람들에게
속도를 늦춰 한 번쯤
광주 읍성의 역사를
다시 생각하게 하고 있다.
조성룡, <기억의 현재화>
(2011).

6

변형 사각큐브가 자신의 작품을 무단 도용한 것이라 주장하며
광주폴리에서 1인 시위 중인 나사박 씨가 적절한 예이다.[30] 지금
광주는 비장소의 '현재성actuality'을 경험하고 있는 중이다. 폴리는
장소라고 할 수 있는 장소 아닌 장소다.

　그물은 물고기를 잡기 위해 있다. 그러기 위해서 그물은 항상
비어 있어야 한다. 비어 있지 않은 그물은 아무것도 잡을 수 없다.
무엇을 잡느냐에 따라 너무 촘촘해서도 안 되고, 너무 성기어서도
안 된다. 폴리는 그런 그물과 같다. 강한 '현재성'을 갖고 있지만
그래서 공간을 잡아 가둘 수 있다. 기억은 시간이 공간을 포획할
때 거기에 걸려든다. 광주폴리 역시 광주라는 강력한 기억의 장에
자리함으로써 가장 강력한 비장소를 구현한다. 폴리는 좀 더
순간적이고, 일회적인 행위들을 통해 광주의 기억을 짧게 짧게
재현한다. 기억을 저장하는 것이 아니라 기억을 표현하고 사라지는
장소, 그 비장소가 폴리다.

6
자연과의 공존과 열린
공간에 중점을 둔
이 작품은 나무 윤곽이
가지는 패턴을 차용
하였다. 나무 사이사이를
넘나드는 유기적 형태의
조형물은 낮에는
조형물로, 밤에는 사람
들의 다양한 활동을
비추어 주는 조명 역할을
한다. 후안 헤레로스,
<소통의 오두막>(2011).

함성호, 시인 · 건축설계사무소 EON 대표

함성호는 강원대학교 건축과를 졸업하고 곽재환의 <맥>, <공간> 등에서 건축설계 실
무를 하고 2000년 <EON>을 설립했다. 1990년 <문학과 사회> 여름호에 시를 발표했
으며, 1991년 <공간> 건축평론 신인상을 받았다. 시집으로 <56억 7천만 년의 고독>,
<성타즈마할>, <너무 아름다운 병>, <키르티무카>가 있으며, 티베트 기행산문집 <허무
의 기록>, 만화비평집 <만화당 인생>, 건축평론집 <건축의 스트레스>, <당신을 위해 지
은 집>, <철학으로 읽는 옛집>, <반하는 건축>, <아무것도 하지 않는 즐거움>을 썼다.
현재 건축설계사무소 EON 대표.

3 진화하는 파빌리온

이벤트에서
성찰로

만국박람회와
파빌리온

조현정

미술과 파빌리온:
마주하는 경계

이수연

파빌리온에 비친
시대의 자화상

김희정
최장원

만국박람회와
파빌리온

글. 조현정

개인의 유희와 몽상을 위한 내밀하고 사적인 공간이었던
파빌리온은 산업혁명 이후 등장한 만국박람회에서 국가와 기업의
거대서사를 표상하는 대형화된 공적 공간으로 변모하게 된다.
박람회 기간 동안만 한시적으로 존재하는 임시 가건물로서의
파빌리온의 속성은 건축가들에게 기존의 도시 맥락에서 자유롭게
획기적인 건축실험을 할 수 있는 최적의 기회를 제공했다. 때문에
박람회는 세계 각국의 건축가들이 참여해 첨단의 건축공법과
새로운 디자인을 과감하게 겨루는 일종의 건축올림픽으로
자리할 수 있었다. 한시성이라는 가건물의 속성은 역설적이게도
더 이상 지금 이곳에 존재하지 않는 건물에 대한 무수한 기억과
상상을 불러일으키며 파빌리온에 영원한 생명을 불어넣기도
한다. 서양건축사의 고전이 된 ‹수정궁›(1851), ‹바르셀로나
파빌리온›(1929), ‹필립스 파빌리온›(1958)과 우리나라의
대표적인 국가관인 파리 만국박람회 ‹대한제국관›(1900),
오사카 만국박람회 ‹한국관›(1970)을 통해 대형화된 이벤트
장소로서의 파빌리온의 의미를 추적한다.

파빌리온, 나비 같은 건축을 꿈꾸며

파빌리온pavilion이라는 단어의 어원은 나비를 뜻하는 라틴어 'papilo'에 뿌리를 둔 프랑스 고어 'pavellun'로 알려져 있다. 건축에서는 나비처럼 가볍고 자유로운 건물, 즉 텐트나 천막 같은 비영구적이고 비일상적인 임시 구조물을 지칭하는 용어로 일반화되었다. 17~18세기 들어 파빌리온은 유럽의 풍경식 정원landscape garden에 놓이는 작은 오두막 형태의 가건물로 널리 유행했다. 풍경식 정원의 구성요소로서 파빌리온은 때로는 사색을 위한 목가적인 쉼터로, 때로는 연인들의 밀회를 위한 낭만적인 장소로, 때로는 낯선 세계에 대한 호기심을 자극하는 이국적인 풍광으로, 다양한 역할을 담당했다.

　이렇듯 유희와 몽상을 위한 내밀하고 사적인 건물이었던 파빌리온은 19세기 중반 등장한 만국박람회라는 근대적인 전시공간 속에서 국가와 기업의 거대서사를 표상하는 지극히 공적인 성격의 건물로 변모하게 된다. 박람회는 세계 각국이 참여해 일정 기간 동안 산업 생산품에서 예술작품, 식민지 특산품까지 온갖 종류의 물건을 모아 전시하는 국제적인 행사이다. 참여국의 국력을 과시하고 자국의 정체성과 고유의 문화를 보여주기 위해 경쟁적으로 세워진 국가관은 박람회장의 가장 큰 볼거리 중 하나였다. 20세기 들어 국가에 더해 대기업이 박람회의 주요 참여자로 등장하면서 이색적인 디자인을 통해 기업 이미지를 홍보하는 기업관에 자본과 건축가들의 관심이 모이기 시작했다.

　그러나 만국박람회에서도 임시 가건물로서의 파빌리온의 성격은 그대로 이어졌다. 아무리 웅장하고 화려한 파빌리온이라 할지라도 몇 달간 지속된 박람회가 끝나면 신기루처럼 사라져버린다. 한시성이라는 파빌리온의 속성은 일반 건물에서는 분명 한계이지만, 박람회라는 한시적인 축제의 장에서는 기회이자 축복이었다. 건물의 영구적인 쓰임이나 기존의 도시 맥락에 속박되지 않고 첨단의 건축공법과 최신의 디자인을 실험할 수 있는 자유를 제공하기 때문이다. 박람회가 각국 건축가들이 과감하게 겨루는 일종의 건축 올림픽으로서 자리하게 된 것은 바로 이 때문이다. 또한 한시성이라는 파빌리온의 속성은 역설적이게도 건물에 영원한 생명을 부여하기도 한다. 사진이나 글로만 접할 수 있는, 이제는 더 이상 존재하지 않는 파빌리온은 그 부재로 인해 오히려 후대까지도 사람들의 호기심과 상상력을 불러일으키며 오래도록 기억된다. 이 글에서 소개할 건물들은 이미 오래 전에 철거되었지만 근대건축사 속에서 중요한 자리를 차지하고 있는 서양과 한국의 대표적인 박람회 파빌리온들이다. 현존과 부재, 기억과 망각, 영원성과 일시성 사이에 놓인 이들 가건물의 역사를 통해 근대건축의 중요한 순간들을 따라가 보자.

런던 만국박람회의 수정궁(1851), 철과 유리의 하이테크 궁전

1851년, 최초의 만국박람회가 영국 런던의 하이드파크에서 개최되었다. 런던 박람회에서 가장 시선을 끈 것은 조셉 팩스턴Joseph Paxton, 1803~1865이 설계한 최초의 근대적인 파빌리온 <수정궁Crystal Palace>이다. <수정궁>이라는 이름은 당시 영국의 풍자잡지 <펀치Punch>가 온실처럼 내부가 훤히 비치는 유리 건물의 외양을 묘사한 것에서 시작되어 곧 파빌리온의 정식 명칭이 되었다.

　　<수정궁>은 산업혁명의 종주국이자 팍스 브리타니카를 구가하던 대영제국의 국가적 자부심과 기술적 우수성을 자국 국민은 물론 전 유럽, 나아가 전 세계에 과시하기 위해 지어진, 당시로서는 최첨단의 하이테크 건축물이다. 건설 당시부터 이제까지의 건축과는 전혀 다른, 근대 건축의 새로운 출발을 예고하는 혁신적인 건물로 주목받았다. 가장 눈에 띄는 점은 기존의 건축 자재인 석재나 벽돌 대신, 공업화 시대를 대표하는 재료인 철과 유리를 본격적으로 사용했다는 점이다.

1

철과 유리는 고대부터 사용되던 오랜 건축 재료이지만,
산업혁명 이후부터 공업화된 방식으로 대량생산되어 근대 건축의
발전에 결정적인 역할을 담당하게 되었다. 공장에서 대량생산된
총 6,024개의 규격화된 주철 기둥과 1,245개의 연철 보, 29만 장에
달하는 판유리가 대량 투여된 <수정궁>은 그야말로 철과 유리로
만들어진 근대의 궁전이다. 신소재의 도입은 새로운 형태의 출현을
가능케 했다. 가느다란 철재 뼈대와 투명한 판유리 모듈이 반복되며
만들어진 <수정궁>의 경량감과 투명성, 개방성은 견고하고 육중하며
폐쇄적인 건물에 익숙했던 당시 사람들에게 충격으로 다가왔다.
　　<수정궁>의 건설 과정에서 사람들을 놀라게 한 것은 내부가
훤히 들여다보이는 외형만은 아니었다. 길이 564미터, 폭 124미터에
이르는 이 거대 구조물을 완성하기까지 9개월이 채 걸리지 않았다.
짧게는 몇 년에서 길게는 십년, 백년 단위로 건물을 짓는데 익숙했던
사람들에게 이 속도감은 근대화와 기계화의 가장 큰 가시적인 성과로
여겨졌다. 신문과 잡지는 연일 하루가 다르게 달라지는 <수정궁>의
건설 상황을 소개하며 박람회의 열기를 증폭시켰다. 이 경이적인 시공
속도를 가능케 한 것은 공장에서 미리 생산한 규격화된 재료를 공사
현장에서 간단하게 조립해서 시공하는 방식, 즉 프리패브prefab 공법의
도입 덕이었다.
　　조립식 건물은 간단하게 세울 수 있을 뿐만 아니라, 신속하게
해체할 수 있고, 재조립 역시 가능하다. 런던 박람회 종료 후
<수정궁>은 곧바로 분해되어 런던 교외의 한 공원으로 옮겨졌고,
1936년 화재로 인해 소실될 때까지 그곳에 서 있었다. 이후
<수정궁>을 다시 건립해 영국을 대표하는 랜드마크로 삼자는
논의가 간헐적으로 제기되었다. 2013년에도 중국인 개발업자에 의해
<수정궁>을 복원하자는 주장이 제기되었고, 이에 부응해 영국의 유명
건축가들이 설계자 물망에 오르면서 흑백사진 속의 유리 궁전을

1
조셉 팩스턴의
<수정궁>은 철과 유리로
이루어져 내부가
훤히 보이는 거대한
온실 같은 구조물이다.

2

2
<수정궁> 내부 모습

3, 4
<수정궁>은 박람회
종료 후 1852년 해체
되어 교외 시드넘
지역으로 옮겨져 재설치
되었다. 이후 오랜 시간
전시, 음악회 등의
장소로 사용되었으나
1936년 11월 30일
화재로 소실되었다.

3

4

실제로 볼 수 있을 것이라는 기대감이 고조되기도 했다. 그러나 부지 소유권 및 사용권 등의 실질적인 문제로 인해 이 복원 계획은 결국 무산되었다. 만약 <수정궁>이 복원되었다 하더라도 초고층 건물들이 빽빽하게 들어선 21세기 런던에서 예전처럼 새로운 시대의 도래를 알리는 꿈의 건물로 여겨질 수 있을지는 미지수이다. 오히려 더 이상 존재하지 않는다는 사실 그 자체가 사람들의 기억과 상상 속에서 <수정궁>을 영원히 살게 하는 역설을 가능케 하는 것은 아닐까.

바르셀로나 파빌리온(1929),
모더니즘의 건축의 정전

1929년 바르셀로나 만국박람회의 독일관은 시내가 한눈에 들어오는 몬주익 언덕 정상에 위치한 유리외벽으로 둘러싸인 납작한 상자형의 건물이다. <바르셀로나 파빌리온>으로 더 잘 알려진 독일관을 설계한 건축가는 종합예술학교 바우하우스Bauhaus의 마지막 교장이자 이후 미국으로 건너가 유리 마천루를 널리 유행시킨 모더니즘 건축의 거장 미스 반 데어 로에Ludwig Mies van der Rohe, 1886~1969이다. 팩스턴의 <수정궁>이 철과 유리가 가져올 근대건축의 새로운 구조와 공간의 가능성을 보여 주었다면, 미스의 <바르셀로나 파빌리온>은 단순하고 정제된 기하학적 추상에 이르는 근대건축의 미학을 대표한다. 그러나 <바르셀로나 파빌리온>은 근대건축이 금욕적인 절제미와 기능주의로만 정의되는 단조로운 추상공간이 아니라, 얼마든지 풍부하고 관능적인 표현이 가능한 심미의 공간일 수 있음을 극적으로 보여준다.

파빌리온의 형태는 지극히 단순하다. 광택 나는 8개의 크롬 기둥이 평평한 석재 지붕을 떠받치며 장방형의 오픈플랜 전시공간을 만든다. 미스는 금속과 유리 같은 차가운 느낌의 공업재료에 화강암과 트래버틴, 대리석 같은 전통적인 장식재를 더해 자칫 지루할 수

5, 6
미스 반 데어 로에의
<바르셀로나 파빌리온>은
바르셀로나 엑스포
독일관으로 몬주익 언덕에
설치되었다. 엑스포가
끝난 후 1930년에
철거되었으나 이후
건축사적으로 높이
평가받자 1986년
바르셀로나 시에서 원래
위치에 복원한다.
단순하고 정제된 기하학적
추상에 이르는 모더니즘
건축의 정수를 보여 준다.

5

6

7

있는 건물에 다채로운 색감과 감각적인 질감을 부여한다. 전시실
한복판에는 미스가 직접 함부르크의 대리석 전시장에서 골라왔다는
환상적인 줄무늬 패턴의 오닉스 대리석 독립벽이 세워진다.
이 독립벽은 관람자의 최단거리 동선을 방해하는 장애물이자 동시에
새로운 동선을 이끌어내는 적극적인 무대장치이다. 매혹적인 색채와
관능적인 재질의 대리석 벽이 만들어내는 미로 같은 통로를 거쳐
관람자는 예기치 않게 유리벽 외부에 있는 청동 조각과 조우한다.
<새벽>이라는 제목이 붙은 누드 조각상은 조각가 게오르크
콜베Georg Kolbe의 작품이다. 이 누드 조각상은 유혹하는 손짓으로
관람자를 어두운 건물 내부로부터 개방된 외부공간으로 불러낸다.
그러나 파빌리온의 외부와 내부의 경계는 분명하지 않다. 조각상이
서 있는 풀pool은 분명 지붕 없는 야외공간이지만 대리석 벽에 의해
둘러싸인 내부공간이기도 하다.

　　건물에는 '바르셀로나 의자'로 불리는 미스 자신이 디자인한
의자와 대리석벽, 청동 조각상을 제외하고는 독일을 대표할 만한
그 어떤 물건도 전시되어 있지 않다. 미스의 파빌리온은 전시를
위한 공간이 아니라, 그 자체가 바로 전시품이기 때문이다. 크림색
트래버틴 기단 위에 조각처럼 서 있는 파빌리온과 그 안에서
일어나는 다양한 시각적, 촉각적, 공간적 드라마가 바로 유럽에서
가장 선진적인 헌법체계를 갖췄다는 독일 바이마르 공화국의
자유주의적이고 민주적인 국가 이미지를 표상한다.

　　1930년 초, 박람회의 종료와 함께 이 건물은 망각 속으로
사라져버리는 듯 했다. 그러나 1932년 뉴욕현대미술관MoMA에서
개최된 역사적인 건축전시 <국제주의 양식The International Style>에
<바르셀로나 파빌리온>의 흑백사진이 포함되면서 이 건물은
모더니즘 건축의 정전의 지위를 차지하게 되었다. 파빌리온에 대한
서로 다른 기억과 불충분한 자료는 사라진 건물에 대한 수많은

7
<바르셀로나 파빌리온>에
전시된 게오르크
콜베의 청동 조각상이
유혹하는 듯한 손짓으로
관람객들을 유리벽
너머로 불러낸다.

호기심과 논쟁, 관심을 양산하며 이 임시구조물에 영원한 생명을
불어넣었다. 건물의 명성은 영구복원을 위한 노력으로까지 이어졌다.
1986년, 스페인 건축가들에 의해 남아있는 도면과 사진을 바탕으로
<바르셀로나 파빌리온>의 복원이 이례적으로 성사되었다. 원래
위치인 몬주익 언덕 정상에 다시 세워진 이 복제품은 흑백사진으로는
파악하기 어려웠던 파빌리온의 관능적인 색감과 복합적인 물성,
복잡한 공간 경험을 되살려내며 현재까지도 많은 방문객들의 발길을
끌고 있다.

필립스 파빌리온(1958), 건축의 한계를 넘어서

1958년 브뤼셀 만국박람회에 지어진 <필립스 파빌리온>은 건축의
한계를 넘어서려는 대담한 시도로 기록될 수 있다. 네덜란드 굴지의
전자용품 회사인 필립스사는 첨단의 회사 이미지를 부각시키기 위해
르 코르뷔지에Le Corbusier, 1887~1965에게 자사의 파빌리온 설계를
맡겼다. 미스와 더불어 근대건축의 문법을 정초한 위대한 건축가로
평가받는 르 코르뷔지에가 이 프로젝트를 의뢰받았을 때 그는 이미
70세를 바라보는 건축계의 살아있는 전설이었다.

　　<필립스 파빌리온>에서 르 코르뷔지에가 시도한 것은 공업 재료인
콘크리트의 조형성을 극단까지 밀어붙이는 것이었다. 9개의 쌍곡
포물선이 교차되며 유려하게 떨어지는 파빌리온의 파격적인 형태는
이 건물이 육중한 프리캐스트 콘크리트가 아니라 마치 가볍고
부드러운 직물로 만들어졌을 것 같은 착각마저 일으킨다. 콘크리트의
물성을 잊게 만드는 이러한 조각적 조형성은 IBM7090 컴퓨터를
임대해 진행한 엄밀한 수학적 계산과 반복되는 구조 실험, 콘크리트를
다루는 숙련된 기술이 빚어낸 결과였다.

　　<필립스 파빌리온>은 오랫동안 르 코르뷔지에의 숙원이었던

8
르 코르뷔지에의
<필립스 파빌리온>은
콘크리트의 조형성을
극대화시킨 실험적인
디자인이다.

8

9

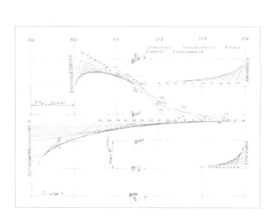

10

'예술의 종합synthesis of arts'의 적극적 구현으로 볼 수 있다. 일찍이
1930년대부터 미술, 조각, 디자인 등 제諸분야의 예술가들과
적극적으로 협업하며 건축을 중심으로 한 일종의 종합예술
Gesamtkunstwerk의 가능성을 타진하던 르 코르뷔지에는 <필립스
파빌리온>에서 시각예술의 통합에 더해 음악적인 요소까지 건축에
녹여냈다. 르 코르뷔지에의 감독하에 설계 실무를 담당했던
그리스인 건축가 이안니스 크세나키스Iannis Xenakis는 촉망받는
현대음악 작곡가이기도 했다. 그는 파빌리온의 독특한 기하학적인
형태를 음악적 원리에 기반을 두고 구축했다. 즉 포물선을 그리는
건물의 독특한 곡선은 서로 떨어진 두 음표 사이를 미끄러지듯
연결하는 음악적 개념인 글리산도glissando를 공간적으로 형상화한
것이다.

　　종합예술을 향한 꿈은 파빌리온 내부에서 펼쳐진 총 8분짜리
멀티미디어 예술 <전자시Electronic Poem>에서 성공적으로
실현되었다. <필립스 파빌리온>은 그 자체로 <전자시>가 공연되는
사이키델릭한 공연장으로 기획되었기 때문에 설계에서 가장
중시된 것은 무엇보다도 음향 시설이었다. 건물 벽면에 장착된
400여개의 스피커는 음향 효과를 증폭시키는 동시에, 그 자체로
콘크리트 표면에 특유의 질감을 더하며 장식적 역할을 한다.
비좁은 입구를 통과해 위胃처럼 생긴 어두운 내부 공간으로 들어선
관람자를 기다리고 있는 것은 빛과 색채, 그리고 음악의 대향연이다.
전위음악가 에드가 바레즈Edgar Varèse와 크세나키스가 함께 작곡한
생소한 전자음에 맞춰 동굴 같은 파빌리온 내벽에 형형색색의
이미지가 포개진다. 여러 대의 프로젝터를 통해 투사된 추상적인
형태들이 르 코르뷔지에가 직접 고른 흑백 사진들과 겹쳐지며 인류
문명사의 주요 장면들이 몽환적으로 재생된다. 르 코르뷔지에가
디자인한 것은 물질적인 실체로서 건물이 아니라, 빛, 색, 소리,

9
<필립스 파빌리온>
내부에서는 빛과
색채, 음악이 어우러진
멀티미디어 스펙터클
전시 <전자시>가
공연되었다.

10
현악기 글리산도 작품
<Metastasis> 도면의
일부는 르 코르뷔지에와
이안니스 크세나키스의
학문의 상관관계를
잘 보여 주고 있다.
크세나키스는 수학과
건축의 개념을 작품에
적용시켰다. 이성적이고
과학적인 방법으로
설계하기 위해 통계학을
도입하여 음악을
구조화했다.

움직임 등 다양한 비물질적인 요소가 결합한 일종의 공감각적인
분위기ambience였다.

    <필립스 파빌리온>은 브뤼셀 박람회 기간 동안 약 2백만 명의
관람객들에게 새로운 감각의 경험을 제공하며 대성공을 거두었다.
그러나 다른 파빌리온과 마찬가지로 박람회가 끝나고 철거되는
운명을 피하지는 못했다. 이후 유럽연합EU의 <문화 2000>
프로그램의 일환인 <버추얼 전자시 프로젝트VEP, Virtual Electronic
Poem>를 통해 약 반세기 전에 <필립스 파빌리온>이 구현했던
공감각적인 환경이 가상현실로 재창조되었다. 건축의 물질적인
한계를 넘어 비물질적인 환경의 영역을 개척하고자 한 필립스
파빌리온을 재건하려는 시도가 건물의 외형이 아니라, 공간 경험
자체를 복원하려는 노력으로 이어진 것은 적절해 보인다.

대한제국관(1900), 파리에 세워진 근정전

한국은 박람회에 어떤 파빌리온을 세웠을까? 한국 최초의
박람회 참여는 1893년 시카고 만국박람회로 기억되지만, 한국
최초의 독립적인 국가관은 1900년 파리 만국박람회에 건립된
<대한제국관>이다. <대한제국관>은 1897년 대한제국을 선포한
고종이 박람회를 통해 독립국가로서의 위상을 국제 사회에 알리고자
한 노력의 결실로 탄생했다. 박람회 파빌리온을 첨단의 건축 기법과
새로운 디자인을 시험하는 건축의 실험실로 삼는 것은 오랫동안 서양
건축가들의 특권이었다. 서구 국가들의 파빌리온이 인류의 진보와
미래의 이미지를 표방하는 하이테크high-tech 디자인을 강조해 왔다면,
근대화의 후발주자인 비서구 국가들은 구미와 미래의 이미지를
경합하기보다는, 토착적이고 전통적인 양식의 파빌리온으로 차별화를
노렸다. 한국도 예외는 아니었다.

    <대한제국관>은 경복궁의 근정전을 모델로 한 전통양식의

11
1900년 파리
만국박람회에 세워진
<대한제국관>은
경복궁의 근정전을
모델로 한 한국 최초의
독립적인 박람회
국가관이다.

11

목조건물이다. 알록달록한 단청과 기와지붕의 경쾌한 곡선이
강조된 대한제국관은 서구의 관객들에게 한국이 독자적인 건축문화를
가진 국가라는 인상을 심어 주기에 충분했다. 당시 프랑스 일간지
<르 프티 주르날Le Petit Journal>에 실린 <대한제국관>의 전면 컬러
삽화는 박람회를 통해 고조된 한국 문화와 풍속에 대한 서구의
관심을 추측하게 한다.[31] 그러나 <대한제국관>이 얼마나
한국 고유의 건축문화를 충실히 구현해냈는가에 대해서는 다소
의문의 여지가 있다.

　　박람회의 전성기인 19세기 중반부터 20세기 초반은 서구
열강의 제국주의 팽창 시기와 정확하게 겹쳐진다. 박람회는 서구
열강의 산업화의 성과를 전시하는 장일 뿐 아니라, 문명과 인종을
서열화함으로써 비서구 식민지에 대한 서구의 우월감을 과시하고
그 지배를 공고화하는 장치로 작동했다. 따라서 박람회 최대의
스펙터클 중 하나는 식민지에서 가져온 토산품을 전시하고 판매하는
식민지 전시였다. 서구의 박람회업자들은 아시아와 아프리카의
이국적인 공예품들을 전시하는데 그치지 않고, 심지어 원주민 부족을
통째로 박람회장으로 옮겨와 동물원의 원숭이처럼 전시하는
악명 높은 인간전시를 기획하기도 했다.

　　<대한제국관>은 독립국으로서 이미지를 제고하려는 대한제국 측의
열망과 이국적인 볼거리를 만들려는 박람회 업자의 이해가 만나는
지점에서 출발했다. <대한제국관> 건립은 프랑스인 후원자 드로 드
글레옹Delort de Gléon 남작과 그의 뒤를 이어 오귀스트 미메렐August
Mimerel 백작의 후원으로 가능했다. 특히 글레옹 남작은 1889년 파리
만국박람회에 아랍의 노천시장을 그대로 재현한 '카이로 거리'로 큰
상업적인 성공을 거둔 흥행사였다. 이들이 <대한제국관>의 설계를
맡긴 건축가는 한국인 목수가 아니라 사이공 오페라하우스(1897)의
설계자로 알려진 유진 페레Eugene Ferret라는 프랑스인 건축가였다.

한번도 한국을 방문한 적이 없었던 페레는 근정전의 사진을 토대로
조선의 전통적인 목조건물을 그럴듯하게 모방했다. 당연히 페레의
디자인이 경복궁에 있는 근정전과 완벽하게 일치할 수는 없었다.
건물의 규모가 원래의 반 정도로 축소되었고, 기단부의 폭이 비율상
더 좁아졌으며, 처마의 경사각은 늘어났다. 뿐만 아니라, 목조건축의
전통적인 조립 방식 대신 서양의 트러스 방식이 도입되었다.[32]
    자주 독립국으로서 위상을 전 세계에 알리고자 했던 노력에도
불구하고, 1910년 일본의 식민지로 전락한 한국은 일제 강점기 동안
독립국으로서 박람회에 참가할 기회를 갖지 못했다. 이후 한국이
다시 박람회라는 국제무대에 참여하기까지 약 60년이라는 시간이 더
필요했다. 1960년대 들어 시애틀 박람회(1962)와 뉴욕 박람회(1964),
몬트리올 박람회(1967)에 참여하며 국제 감각을 익힌 한국은 1970년
전 식민국인 일본에서 개최된 오사카 만국박람회에 대대적으로
참여했다.

오사카 만국박람회의 한국관(1970),
현대적인 파빌리온으로 미래를 겨루다

1970년 '인류의 진보와 조화'라는 주제로 열린 오사카 만국박람회는
비서구권 국가에서 개최된 최초의 박람회라는 역사적인 의의가 있다.
한국 정부는 아시아의 당당한 독립국으로서의 위상을 재확인하고
재일동포의 민족적 자긍심을 고취시킨다는 명목으로 2백만 달러라는
당시로서는 어마어마한 예산을 쏟아 부으며 이례적인 규모로
<한국관> 건립에 착수했다.
    한국을 대표하는 건축가 김수근 팀에서 설계를 담당한 오사카
박람회의 <한국관>은 전통적이고 토속적인 모티브를 차용한
이전의 한국관과는 달리, 동시대 건축 언어를 적극 활용한 현대적인
파빌리온이다. 공장 굴뚝같은 인상을 주는 거대한 열주에 의해

12
1970년 오사카 만국박람회에 김수근 팀이 설계한 <한국관>은 전통이 아니라 현대적인 디자인으로 세계 각국의 건축가들과 미래의 이미지를 겨루었다.

둘러싸인 철골과 콘크리트조로 된 세 동의 전시관 위에는 당시 국제
건축계에서 정보화 사회의 표상으로 여겨지던 트러스 구조물이
매달려 있다. 4층 높이의 본관 건물은 경사진 입구와 과장된 지붕을
강조해 기념비성을 과시했고, 에스컬레이터로 연결된 본관과 별관은
복잡하지만 유려한 동선을 제공했다. 관람객은 자신을 향해 입을
벌리고 있는 듯한 입구로 들어가 본관 1층을 통과하여 별도로
마련된 종각으로 향한다. 종각 1층의 에스컬레이터를 타고 2층으로
올라가 성덕대왕신종의 모형과 마주한다. 그리고 다시 방향을 바꿔
본관으로 에스컬레이터를 타고 올라가 4층의 과거관, 3층의 현재관,
그리고 다시 별관의 미래관을 차례로 경험하고 다시 본관 마당으로
나오게 된다.

　　<한국관>은 오리엔탈리즘에 호소하는 대신 현대적인 디자인으로
각국의 국가관과 미래의 이미지를 당당하게 경쟁했다. 기존의
전통적인 모티브가 아니라 첨단의 이미지를 강조한 <한국관>이
탄생하기까지 한국 모더니트 건축가들의 고민과 노력이 있었음을
상기할 필요가 있다. 1968년 가을, <한국관> 설계를 의뢰받은
김수근 팀은 경회루를 현대적 공법으로 구현하라는 구체적인 방침을
전달받았다. 김수근 팀의 젊은 건축가들은 경회루를 모방하는
안이 부적절하다는데 의견을 모으며, 몇 달에 걸쳐 경회루 안을
반박하기 위한 자료를 모으고 반론을 마련했다. 결국 1968년 12월
기본방침이 변경되고 건축가들의 '현대식' 대안이 받아들여져
공사가 시작되었다. 경회루 안에 대한 건축가들의 반대는 1960년대
한국건축계에 중요하게 등장한 전통논쟁의 맥락 속에서 이해할 수
있다. 1966년 국립종합박물관(현 국립민속박물관) 건립 과정에서
불거진 논란은 전통논쟁의 촉매 역할을 한 사건으로 꼽을 수
있다. 박물관 설계를 위한 문화재관리국의 공모요강에는 한국의
전통건축을 참조하라는 조건이 명시되어 있었다. 많은 비난 여론

속에서 당선작은 법주사의 팔상전과 화엄사 각황전을 포함해 서로
다른 시기의 여러 고건축의 요소들을 혼합해 콘크리트로 재현한
디자인에게 돌아갔다. 이 현상공모는 당시 한국건축계에서 큰 반향을
일으키며 현대건축과 전통의 관계에 대한 다양한 성찰로 이어졌다.
이 사건 이후 <한국관> 설계에 참여한 김수근, 윤승중, 김원 같은
모더니스트들에게 당국이 요구하는 고건축의 '모방'이나 절충적인
차용은 결코 받아들일 수 없는 것이었다.

　　그러나 보다 근본적인 차원에서, '현대적'인 국가관을 추구한
데에는 이전 식민국에서 열리는 박람회 참가라는 사실이 주는
민족주의적 결의, 이와 무관하지 않은 일본 건축에 대한 막연한
경쟁심, 그리고 이 모든 것들의 조건일 수 있었던, 한국의 경제와
건축적 역량이 이전보다 월등히 성장했다는 자신감 등이 복합적인
이유로 작용했다. "정부가 한국관에 대하여 기대하고 있던 수많은
요구조건들 이외에도 우리들 자신의 절실한 요구를 갖고 있는
것이 당연했다. 작가적인 욕망이란 물론이려니와 그보다도 우리는
재치 있는 달변으로 이론화된 일본의 현대건축에 우리의 가능성을
작품으로 보여 주고 싶은 열망을 갖고 있었다."[33] <한국관> 설계에
참여한 건축가 김원의 이 언급은 국가관의 후원자인 정부의 요구를
구현하는 것만큼이나 박람회를 건축적 실험장으로 활용해 보고자
하는 직능적 야심이 중요하게 작용했음을 보여 준다.

　　한국 정부는 <한국관>을 재일교포를 위한 일종의 문화회관으로
영구적으로 남겨놓기를 희망했다. 그러나 이러한 희망은 박람회
당국에 의해 받아들여지지 않았고 박람회 종료와 함께 철거된
<한국관>은 이제 사람들의 뇌리에서 거의 지워졌다. 그러나 과거와
전통 대신 미래와 첨단의 이미지를 건축적으로 구현한 <오사카
한국관>의 전략은 대전 엑스포(1993)를 비롯한 이후의 한국의 박람회
파빌리온에 계승되었다.

13

14

13, 14
오사카 만국박람회
한국관 파빌리온 외에
한국관 건축으로
주목받은 박람회로
몬트리올과 상하이
엑스포를 꼽을 수 있다.
특히 김수근의 몬트리올
한국관은 2017년 엑스포
개최 50주년을 기념하여
조성되는 공원화 사업의
일환으로 현지 복원이
결정되었다. 1967년
몬트리올 한국관
(13번 사진)과 조민석이
설계한 2010년 상하이
한국관(14번)의 모습.

15, 16
과거와 전통 대신
미래와 첨단의 이미지를
건축적으로 구현한
오사카 한국관의
전략은 대전 엑스포를
비롯한 이후의 한국의
박람회 파빌리온에
계승되었다. 1993년
대전 엑스포장(15번
사진), 2012년 여수
엑스포장(16번)의 모습.

15

16

박람회의 쇠퇴와 파빌리온의 변용

20세기 후반 들어 국제 전시로서의 박람회의 위상은 이전과는
비교할 수 없을 정도로 쇠퇴했다. 물론 현재까지도 박람회의 역사는
계속되고 있지만, 더 이상 박람회 파빌리온에서 건축의 미래를
확인하는 가늠자의 역할을 기대하기는 어렵게 되었다. 그렇다고
파빌리온의 존재가 아예 사라진 것은 아니다. 오히려 21세기 들어
비일상적인 임시 구조물로서의 파빌리온은 예술, 상품, 미디어의
경계를 나비처럼 자유롭게 넘나들며 미술관이 가장 선호하는
'예술작품'의 지위를 획득하기 시작했다. 현실적인 제약에서 비교적
자유로운 파빌리온은 스타 건축가의 작가성 또는 예술성을 표현하는
대형 조각이나 관객참여 설치미술의 하나로 미술관 안마당에 자리
잡았다. 신진 건축가에게 실험적인 야외설치작업의 기회를 제공하는
뉴욕현대미술관 PS1의 젊은 건축가프로그램 YAP이나 2000년부터
매년 세계적인 건축가를 초빙해 화제를 모으는 런던 <서펜타인
갤러리 파빌리온>이 그 대표적인 예이다. 글로벌한 스타 건축가라는
브랜드와 만난 파빌리온의 자리는 미술관에만 국한되지 않는다.
파빌리온은 보다 새롭고, 보다 고급스러우며, 무엇보다도 예술적인
이미지를 원하는 기업들에게 각광받기 시작했다. 자하 하디드 Zaha
Hadid가 설계한 샤넬의 <모바일 파빌리온>(2008)이나 OMA의
<프라다 트랜스포머>(2009)는 바로 기업의 거대 광고판으로 작동하는
박람회 기업관의 후예이다.

    그러나 미술관의 울타리나 자본의 보호막 뒤에서 미학적인
'작품'을 자처하는 건축에 대한 비판이 제기된 곳도 바로
파빌리온이다. 비일상적인 임시 가건물이라는 파빌리온의 주변성은
자본주의 사회에서 부의 축적 수단이자 동시에 그 결과물인
스펙터클하고 기념비적인 건축과는 차별되는 대안적인 형태의
'게릴라 건축'으로 전개되었다. 21세기 파빌리온의 비판적, 윤리적

전회轉回를 잘 보여 주는 작업으로 2011년 동일본대지진 이후 일본 건축가들이 제안한 <모두의 집>(2012~) 연작을 들 수 있다.[34] 파빌리온의 가변성과 경제성, 유연성을 십분 활용해 피해지 해안가 곳곳에 세워진 임시 마을회관 <모두의 집>은 재난 지역을 원조하는 구호 건축이다. 시민들의 자발적인 성금과 자원봉사자의 협력으로 건립된 이 작은 건축은 자본에 기대어 참신한 조형성과 신기술의 가능성을 실험하는 미학적인 작품이나 상품이 되길 거부한다. 대신, 비바람을 피하는 최소한의 은신처이자 공동체의 상징적 구심점으로서의 건축 본연의 역할을 강조하며, 건축의 사회적 책무에 대한 근본적인 성찰을 촉구한다. 이런 의미에서 <모두의 집>은 자연재해 앞에 그 취약성을 드러낸 하이테크 모더니즘 건축 '이후'를 모색하려는 시급한 건축적 선언으로 읽을 수 있다. 다른 장소를 상상하고, 다른 사회를 꿈꾸게 하는 파빌리온의 힘이 사회비판과 참여의 매개로서 건축의 새로운 패러다임을 열고 있는 중이다.

조현정, 카이스트 인문사회과학부 교수

조현정은 서울대학교 고고미술사학과를 졸업하고 미국 남가주대학교University of Southern California 미술사학과에서 전후 일본의 건축과 시각문화에 대한 논문으로 박사 학위를 받았다. 2013년부터 카이스트 인문사회과학부 교수로 부임해 미술사와 건축사를 가르치고 있다. 박람회 건축을 포함해, 건축과 미술의 교류, 재난과 건축, 한일 예술 교류 등의 주제에 관심을 갖고 연구를 진행하고 있다.

글. 이수연

미술과 파빌리온:
마주하는 경계

현대문학과 미술은 현실에 경종을 울리는 역할을 한다.
새로운 언어로 현실의 부조리를 파헤치는 숙명을 갖고 있다.
현대미술에서 파빌리온은 새로운 건축언어로서 아방가르드한
실험기지이며 끊임없이 생각의 확장과 가치의 전복을 꾀하고
있다. 두 영역은 사회와 역사를 끊임없이 소환하며, 오늘날
우리가 마주하고 있는 갖가지 상황들을 환기시킨다. 현대미술
안에서 파빌리온은 이 시대의 가장 논란이 될 수 있는 아이디어를
실험하는 무대이고, 그 자체가 이야기를 만들어 내는 장치가
된다. ‹베트남 참전 용사비›, ‹파리 모뉴멘타 프로젝트›,
‹야자수 파빌리온›, ‹바다가 보이는 집›, ‹숲›과 같은 작업들은
기억으로서 장소를 만들고, 일상에 개입하고, 관계와 공감의
장을 구축함으로써 파빌리온의 경계를 확장시키고 있다. 최근의
우리나라 미술 속의 가건물 또한 도시의 역사와 사회의 문맥과
깊은 관련을 맺고 개인과 사회의 관계망에 대해 질문을 던진다.
‹도서관 프로젝트 내일›, ‹있잖아요›는 익명성의 사회에서 개인의
의사 전달과 소통구조의 확장에 대한 대안을 제시한다. 동시대
미술의 실험 속에서 파빌리온 구조물은 심리적이며, 사회적으로
자기 반추적인 속성을 지니면서 건축이나 예술에 머무르지 않는
확장하는 매개체로 나아간다.

마주하는 경계

동시대의 파빌리온은 끊임없이 경계의 바깥을 바라보는 공간이다. 파빌리온이 가지고 있는 독립적이면서도 임시적인 성격은 파빌리온 건축에 비실용, 혹은 무실용의 기능을 담고 있는 공간으로서의 가능성을 열어주었다. 바로 이러한 점 때문에 동시대의 파빌리온은 건축의 가장 아방가르드한 실험기지로서 끊임없는 생각의 확장과 가치의 전복을 꾀하고 있는 현대미술과 마주하고 있다.

　이 두 영역의 만남에는 두서가 없다. 동시대 미술의 내용이 파빌리온의 형태를 빌려서 등장하기도 하며, 파빌리온의 심리적 한계가 동시대 미술의 형식을 빌려서 확장되기도 한다. 이 둘의 만남은 파빌리온이 세워진 장소에 의미를 부여하고, 관계를 만들어내며, 우리가 살고 있는 사회를 곱씹고, 잃어버렸던 감각을 되살리는 역할을 한다. 현대미술의 날개를 단 파빌리온은 동시대의 가장 위협적이고 논란적인 아이디어를 실험하는 무대이며, 연극 그 자체이다.

기억으로서의 장소

1982년 워싱턴 D.C에 마야 린Maya Lin이 설치한 대작 기념비 <베트남 참전용사비Vietnam Veterans Memorial>는 베트남 전쟁에 참전하고 죽어간 용사들의 이름을 새겨 넣은 작업이다. 거울처럼 반사되는 검은 색의 75.21미터 길이의 반려암 벽에 똑같은 서체와 간격으로 총 58,191명의 이름을 새겨 넣었다. 뒤편의 언덕 밑에 자리하여 땅의 틈새에 자리한 벽은 벌어진 상처처럼 포물선을 그리며 양끝으로 입을 다무는 모양새를 하고 있다. 땅으로부터 가장 높이 솟아오른 부분은 3.1미터 높이이며, 가장 낮은 부분은 20센티까지 낮아지는 이 형태는 상처로 절개된 부분이 서서히 아무는 모양처럼 보인다.

1
<베트남 참전용사비>는
단순한 구조와 인상
깊은 표면을 통해 기억을
응집할 수 있는 장소로서
파빌리온의 기능을 잘
보여 주는 작업이다.

1

조각과 건축의 경계를 아슬아슬하게 넘나드는 마야 린의 작업은 설치 과정에서 커다란 반향을 불러일으켰다. 통상적인 전쟁의 기념비들이 전쟁을 영광과 숭고함으로 덮어 과거로 회귀시키는데 반해, 마야 린의 작업은 희생자의 이름을 통해 전쟁을 직시하고 현재화시키기 때문이다. 이 기념비 속에 남아있는 이름들은 정의, 용기, 희생과 같은 추상의 존재가 아닌 실재하는 이름들이며, 가족이 아닌 사람들에게조차 손을 내밀도록 하는 개인들이다. 사람들이 이름을 쓰다듬을 때, 그들은 전쟁의 희생자들이 존재했었던 증거로서의 육체를 쓰다듬는다. 희생자들의 이름이 음각으로 새겨져 있는 이 기념비는 조각이기도 하지만, 동시에 전쟁을 겪은 이들이 돌아와서 최종적으로 살게 되는 집이다. 사람들이 이름을 바라보고 쓰다듬으며 이 집을 바라볼 때, 그들은 거울처럼 반짝이는 검은 돌의 집 속의 자신의 현재의 얼굴을 마주하고, 이 집이 위치한 미국의 심장과도 같은 내셔널 몰National Mall에 대해 생각하게 된다. 마야 린의 기념비는 동시대 미술 속에서 파빌리온이 지니고 있는 많은 함의들을 함축하고 있는 단서이다. 파빌리온은 관람객으로 하여금 자신을 돌아보도록 하고, 자신이 위치한 장소와 자신이 맺고 있는 관계를 반추하도록 하는 역할을 한다. 현대미술에서 파빌리온은 장소의 점거를 넘어선 무엇이 된다.

일상의 개입

장소를 환기시킴으로써 거대 서사 속의 역사와 함께 관람자 개인의 기억과 일상을 불러일으키는 형식의 파빌리온은 예술작품의 독립적인 미적 자율성을 부정하고 작품 주변의 환경을 예민하게 의식하는 장소특정적 Site Specific 작업들에서 특징적으로 찾아볼 수 있다. 2012년 다니엘 뷔렌Daniel Buren이 <파리 모뉴멘타 프로젝트Monumenta 2012 Paris>의 일환으로 만든 <기이함Excentriques>은 한시적으로 장소와

2
<기이함>은 <파리 모뉴멘타 프로젝트>의 일환으로 그랑팔레 미술관에 설치되었으며 천장이 유리로 된 영구건축 구조물을 이용하여 빛의 생태계를 조성한 작업이다.

호응하여 관람객으로 하여금 주변 환경을 환기시키도록 설계된
파빌리온이다. 그랑 팔레의 천장이 유리로 이루어진 점을 이용하여
다니엘 뷔렌은 일종의 빛의 생태계를 조성하였다. 작가는 1900년
월드 페어World Fair를 위해 지어진 역사적인 건축물인 그랑 팔레Grand
Palais에 수백 개의 색깔 원의 캐노피를 설치하였다. 서로 다른
높이와 지름을 가진 빛의 투명막들은 파란색, 오렌지색, 초록색 혹은
노란색 등의 필름으로 구성되어서 파리의 빛을 전시장 안에 새롭게
흩뿌리는 역할을 한다. 작가는 캐노피의 최대 높이를 파리의 아파트
천장의 평균 높이에 맞춤으로써 관람자가 거니는 일상적인 환경에서
크게 벗어나지 않도록 조정하였다. <기이함>이라는 제목과 달리
이 작업은 역사적인 그랑 팔레의 공간과 일상적인 파리의 모습에
대적하거나 어긋나지 않는다. 이 파빌리온에서 중요한 것은 공간을
새롭게 만드는 것이 아니고 역사적인 건축 그 자체를 받아들이는
것이며, 현재 파리의 모습 그 자체를 이용하는 것이다. 그러한 가운데
주술처럼 개인의 기억과 일상이 파빌리온 속으로 소환된다.

파빌리온에서 관계맺기

파빌리온은 현대미술의 작가들이 관람객들과 혹은 관람객들
간의 관계를 맺을 수 있는 장으로 작동한다. 니콜라 부리오Nicolas
Bourriaud는 1990년대 예술에 대해 인간 간의 관계와 사회적 문맥의
영역에서 이론적인 지평을 넓혀 갔다고 평하였다. 1990년대의 일군의
작가들은 작업을 통해 사회적인 관계 맺기와 개인적인 관계를 밝히는
것에 집중하였으며, 예술 작품의 독립적이고 자율적인 미적 속성에
대해 큰 가치를 부여하지 않았다.[35] 이러한 과정에서 파빌리온은
소통의 도구가 되었다.

    1992년 리크릿 티라바니자Rirkrit Tiravanija는 뉴욕의 303
갤러리에서 갤러리 공간을 부엌으로 바꾸는 <무제Untitled(Free)>(1992)

작업을 하였다. 작가는 무료로 카레와 밥을 제공하고 관람객들과
식사를 나누어 먹는 과정을 통해 관계 맺기를 시도하였다.
이 프로젝트는 갤러리를 임시적으로 식당의 역할을 하는 파빌리온으로
바꾸었다. 이 식당은 더 이상 예술작품으로 가득 찬 갤러리가 아니라
사람들이 만나고, 대화를 나누며, 일상을 변화시키는 장터가 되었다.
나누는 일상이 예술이 된 것이다.

　　이처럼 참여와 나눔은 건축의 근본적인 속성을 바꾸어 임시적으로
완전히 새로운 장소로 변태시킨다. 후에 리크릿 티라바니자는 모마
미술관MoMA에서 같은 형식의 작업을 하였다. 오후 12시에서 3시까지
전시장 2층 현대 설치미술 갤러리는 레스토랑으로 바뀌고, 미술관
레스토랑 직원이 직접 서빙하여 관객들에게 음식을(혹은 작품의
일부를) 대접하였다. 이 작업을 통해 만질 수도, 다가가기도, 심지어
이해하기도 어려운 현대미술의 상징과도 같은 모마 미술관 공간이
관람객에게 완전히 다른 공간으로 바뀌었다. 이 임시 식당 파빌리온은
관객이 작업의 일부가 되도록 이끌고, 사람들을 불러 모아 관계를
시작하도록 유도한다. 미술사가인 로첼 스타이너Rochelle Steiner가
말한 것처럼 리크릿 티라바니자의 작업은 근본적으로 사람들을 불러
모으는 것이며, 그 지점에서 개인의 관계망과 사회적 관계망이 얽히기
시작한다.

　　2006년 27회 상파울로 비엔날레에서 리크릿 티라바니자가 선보인
<야자수 파빌리온Palm Pavilion>(2006~2008)은 개인의 관계망에서 한발
더 나아가 파빌리온이 사회·역사적 관계망의 확장을 실험하도록
설계된 작업이다. 작가는 프랑스의 유명 건축가 장 프루베Jean Prouvé의
유명한 건축 메종 트로피컬Maison Tropicale(1951)을 차용하여
파빌리온을 디자인하였다. 장 프루베는 프랑스령 아프리카 식민지에서
근무하는 관료들, 사업가들을 위하여 프랑스에서 미리 조립하여
배로 운송할 수 있는 주거건축을 개발한 건축가이다. 티라바니자는

3

4

이 건축가의 건축스타일을 차용함으로써 비엔날레 속에 이 건축
형식 속에 내재되어 있는 역사적인 의미와 맥락을 함께 빌려 왔다.
메종 트로피컬은 현대 건축의 선구로서 모듈과 조립의 방식을
선구적으로 구현한 건축이지만 아이러니하게도 식민 지배를
용이하게 하기 위한 도구로서의 현대건축의 아픈 역사를 증명하는
산 증인이기도 하다. 리크릿 티라바니자는 이러한 근대적인 맥락에
동시대의 정치·사회적인 맥락을 덧씌웠다. <야자수 파빌리온>
안에는 야자수와 야자수에 관련된 비디오들, 그리고 그에 관련한
오브제들이 비치되어 있어서 관객들이 그 속에서 시간을 보내며
작업들을 볼 수 있다. 비디오 작업은 남태평양 연안의 핵실험에 관한
것으로 야자수가 우거진 배경과 핵실험의 장면이 함께 등장한다.
야자수가 우거진 남태평양에서 이루어진 강대국의 핵실험은 메종
트로피컬을 잇는 현대의 정치·사회적 지형을 상징한다. 관객은 메종
트로피컬을 빼닮은 파빌리온 속에서 메종 트로피컬의 시대가 아직
끝나지 않았음을 체험하게 되는 것이다.

심리적인 파빌리온

때로 관계를 구축하는 파빌리온은 강력한 심리적인 기제만으로도
작동할 수 있다. 마리나 아브라모비치 Marian Abramović 는 여러
장치를 통해 육체적 한계를 시험하는 장을 마련하고 이를 실행하는
작가이다. 특히 아브라모비치는 스스로의 몸을 도구로 사용하는데,
자아인 동시에 타자인 예술가의 몸이 극단적인 방식으로 관객들에게
보여지도록 함으로써 연극적인 관계를 형성하고, 관객들에게
실리적인 동화를 요청한다. 아브라모비치가 육체를 시험하는 장은
매우 극단적이어서 강력한 심리적 압박 속에 자기장과 같은 긴장된
심리적 파빌리온을 형성한다. 1974년 작업 <리듬5 Rhythm5>에서
작가는 수백 리터의 페트롤을 별 모양으로 뿌리고 그 안에 드러눕는

3
리크릿 티라바니자의
키친 프로젝트 <무제>는
참여와 나눔을 통해
미술관 공간의 새로운
가능성을 실험할 수 있는
무대였다.

4
<야자수 파빌리온>에서
작가는 식민지 건축을
차용하되 근대 서구
역사와 동시대 관객들
사이의 사회적 관계망을
형성한다.

퍼포먼스를 하였다. 불타오르는 별 안에서 작가는 점차 의식을
잃었고 결국 관람객들이 의식을 잃은 작가를 죽음의 공간으로부터
직접 끌어냄으로써 퍼포먼스는 끝이 났다. 이러한 작업의 목표는
일상 속에서 도구처럼 사용되는 육체의 한계를 시험함으로써 관객과
정신적, 인식적 한계를 공유하고 체험하는 것이다.[36]

　　<바다가 보이는 집 The House with the Ocean View>은 2002년
11월 마리나 아브라모비치가 뉴욕의 션 켈리 갤러리 Sean Kelly
Gallery에서 12일 동안 3개의 방에서 먹지도 말하지도 않고 관객
앞에서 사생활을 그대로 노출한 채 살았던 이벤트이다. 침실, 거실,
화장실로 이루어진 3개의 방은 모두 관람객을 향해 열려있으며
심지어 관객들은 망원경을 통해 작가를 관찰할 수 있다. 제목의
'바다 풍경 Ocean View'은 작가가 방 안에서 스스로 생각한 마음속의
풍경이다. 방 안에는 화장실과 침대, 의자와 테이블, 샤워기, 일곱 벌의
옷과 타월, 양동이, 메트로놈, 비누, 물만이 비치되어 있었고 작가는
최소한의 오브제만 존재하는 상태로 관람객과 오랜 시간 직접적으로
마주할 수 있었다. 이 퍼포먼스에서 작가는 개인적인 공간의 여지를
1제곱미터도 두지 않고 공공의 장소에 그대로 노출시키는 파격을
감행하였다. 이 파빌리온은 전시장에 들어 온 관객이 아브라모비치를
응시하도록 설계되었다. 퍼포먼스의 기본 아이디어는 아무것도 숨길
것이 없는 상태에서 보여지고 바라보는 관계를 통해 작가 스스로를
변화시키고, 공간을 변화시키고, 더 나아가 바라보는 관람객을 보여
줄 수 있는 상황을 제시하는 것이었다. 관람객들은 갤러리에 들어와서
시간을 보내고, 작가를 바라보고, 심지어 울거나, 감정을 표출하기도
하였다. 관객과 작가 간의 이러한 감정적인 전이는 비극적인 연극을
보았을 때의 카타르시스적 공감과 비슷한 효과를 갖게 한다.
아무것도 가리는 장벽도 없고, 시간의 한계도 없는 상황 속에서
오로지 서로 시선을 교환하는 것만으로도 관계는 시작된다.

5
<바다가 보이는 집>은
작가와 관객이 숨김없이
대면할 수 있도록 마련된
무대와 같은 공간이다.
심리적인 경계 속에서
작가와 관람객은 정신적,
인식적 한계를 공유하고
체험한다.

5

아브라모비치는 뉴욕에서 이러한 퍼포먼스를 기획한 것에 대해 9.11의 영향을 언급하였다. 테러 이전에 미국인들은 죽음에 대해서는 생각하지 않고 영원히 살 것이라고 생각하였고 처음 폭발이 일어났을 때 그런 사건이 일어난 것을 믿지 못하였다. 9.11로 죽음을 마주한 뉴욕에게 12일 간의 응시의 기간을 주는 것이 아브라모비치 퍼포먼스의 목적이었다.[37] 3개의 방과 작가가 마주하는 갤러리를 들어선 순간 관객은 일상으로부터 유리되어 작가와 직접적인 대면, 죽음과도 같은 침묵의 대면을 하게 되는 것이다.

공감각의 파빌리온

리크릿 티라바니자와 마리나 아브라모비치가 장소를 구성하는 물리적인 건축을 넘어서서 개인적이고 사회적인 관계를 바탕으로 한 심리적인 파빌리온을 구축하였다면, 자넷 카디프Janet Cardiff와 조지 밀러Goerge Bures Miller는 육체의 경험을 이용하여 감각적인 파빌리온을 구축해 낸 작가들이다. 자넷 카디프는 1970년대 영국 옥스퍼드Oxford의 한 수학자가 개발한 앰비소닉스Ambisonics라는 기술을 이용한 3차원의 소리공간을 실험하는 작가이다. 앰비소닉스 Ambisonics는 어떤 소음이나 떨림, 혹은 폭발적인 사운드라도 녹음하여 3차원으로 재생할 수 있다.

　　자넷 카디프는 카셀 도큐멘타 13에서 일종의 사운드 파빌리온인 <숲Forest(for a thousand years)>(2012)을 제작하였다. 자넷 카디프가 생성한 이 파빌리온은 실체가 없으면서도 견고한 벽처럼 소리의 경계선을 긋는다. 이 사운드 파빌리온에는 지붕도 바닥도 없다. 이 파빌리온은 열여덟 개의 신발 상자 사이즈의 스피커와 네 개의 서브 우퍼, 그리고 나무 그루터기 의자들로 이루어져있다. 스피커와 우퍼는 숲 속에 교묘하게 감추어져 있어서 실제로 사운드가 켜지는 순간, 순식간에 관람객은 보이지 않는 덫에 갇힌 짐승이 된다. 작가는 2차 세계대전에

6
<숲>에서 사운드는
벽과 같이 단단한 경계를
만드는 건축재료이다.
가상의 소리 공간이 주는
강렬한 체험은 형태가
없이도 공간을 지배한다.

6

거의 도시 전체가 파괴되었던 카셀의 오래된 숲의 역사를 소리를
통해 압축적으로 재현하였다. 소리는 기억을 불러들인다. 늑대가
울부짖는 소리, 바람이 스쳐 지나가는 소리, 주파수가 맞지 않는
라디오의 소음과 웃음소리, 장엄한 음악소리와 폭탄이 터지는 소리,
총소리가 섞여서 3차원의 공간 속에서 등 뒤를 스쳐 지나가거나
귓가에 속삭인다. 관람객들은 소리의 그물 속에서 불빛을 따라
본능적으로 반응하는 오징어 떼처럼 소리가 들려 오는 방향을 향하여
몸을 돌리고 피하고, 지나간 기억들과 도시의 역사를 떠올린다.
스피커에서 소낙비가 떨어지고, 검은 숲의 잎사귀를 적시면 사운드가
지배하는 공간은 비가 내리는 특수한 장소가 된다. 사운드가 만들어
내는 파빌리온의 경계는 이보다 더 분명할 수 없다. <숲>에서 자넷
카디프와 밀러가 만들어내는 환영은 증강현실augmented reality로서
감각이 주는 환상이 현실의 공간을 지배하는 세계이다. 기억, 감정과
육체적 감각을 온전히 바쳐야 하는 사운드의 공간은 실제 건축이
구현해 낸 어떤 공간보다도 강력한 힘을 발휘한다. 실체가 없는
공감각의 환경이 파빌리온을 구축하는 것이다.

사회를 읽는 소프트웨어로서의 파빌리온

리크릿 티라바니자나 아브라모비치, 혹은 자넷 카디프의 파빌리온은
귀중하고 역사적인 물건으로서의 예술의 가치에 전면으로 저항하는
작업들이다. 이들은 다른 어떤 예술장르보다 강력한 물성을 자랑하는
건축예술의 형태를 차용하여 무형의 가치를 새롭게 창조해낸다.
이들의 파빌리온은 건축적이고 구축적인 가치들을 버렸다. 이들이
만든 파빌리온들은 형태가 없거나, 혹은 아예 무의미하다. 대신에,
예술이 차용한 새로운 형태의 파빌리온은 그 안을 채우는 사람들
간의 관계 맺음과 우연에 기댄 그들의 경험을 건축적으로 구현하도록
설계되었다. 이들이 구축하는 파빌리온은 무의식중에 억압하고 있는

사회 체제에 대해 언급하고, 도시의 무관심과 비정함에 저항한다.

한국 동시대 미술 속의 가건물 또한 서울이라는 도시의 역사와 사회 속의 문맥과 깊은 관련을 맺고 있다. 서울이라는 도시 안에서의 건축은 집과 관련하여 특별한 의미를 가진다. 대한민국 주거형태의 대표로 상징되는 아파트는 유동자산의 흐름을 분석하는 주요 경제 지표이자 중산층의 열망의 대상이었다. 대한민국의 구성원들에게 집은 경제적인 가치로 환산될 수 있는 인생평가기준의 주요한 척도이자 자신이 속한 사회 계급을 보여주는 상징이다. 이러한 연장선상에서 영속적인 형태의 주거 건축은 자본주의 도시를 이루는 재화로서 취급되어 왔다. 이와는 반대로 상대적으로 임시적이고, 불안정한 형태의 파빌리온 건축들은 재화가 아닌 개인의 기억과 경험 서로 간의 관계 맺음을 불러일으키는 매체로 작동한다.

배영환 작가가 2009년 선보인 <도서관 프로젝트 내일>은 아트선재센터에서 전시로 선보였던 도서관 설계모델을 경기도 미술관과 협업하여 실제 컨테이너로 제작한 파빌리온이다. <도서관 프로젝트 내일>은 정부 주도의 대규모 공공사업에 대한 반성과 회의로부터 출발한 프로젝트이다. 대부분의 공공사업은 지역의 공동체를 위하여 설계된다. 그러나 대규모로 기획되는 설계과정에서 실제 공공사업이 이루어져야 하는 가장 큰 이유인 사람 간의 관계와 경험의 나눔, 기억의 공유는 슬그머니 잊혀지기 일쑤이다. 남는 것은 비싼 대지 위에 근사하게 지어진 도서관, 문화센터, 체육관과 같은 거대한 재화뿐이다. 반대로 <도서관 프로젝트 내일>은 하드웨어로서의 공공재가 아닌 소프트웨어로서의 공공재에 초점을 맞춘 건축이다. 이 임시건축은 재화로는 200만원에서 400만원짜리 중고 컨테이너를 개조한 좁은 공간에 불과하지만, 도서관으로 기능하기 위한 소프트웨어로 '책을 기증하고 나누어 가질 마음'을 장착하고 있다. 이 건축을 이용하고자 하는 사람들은 집에서 다 읽은

7

책들을 가져와서 기증하고, 다른 책과 교환할 수 있다. 대부분의
영구적인 건축물인 공공기관들은 뚜렷한 목적을 가지고 있지만, 모든
과정은 비밀스러우며, 연역적이다. 궁극적으로 모든 것은 상부로부터
내려온다. 반면에 이 파빌리온은 아무 내용이 없는 컨테이너 박스에
불과하지만 개방시간 동안 관람자들이 책을 기증하고 나누고, 함께
읽는 과정 속에서 본래 목적인 도서관으로서의 기능을 채우게 되는
것이다. 이 건축물이 도서관으로 기능하도록 하는 가장 중요한
핵심은 건축이라는 하드웨어가 아니라 나눔이라는 소프트웨어이다.

7
때때로 건축을 완성하는
것은 하드웨어가 아니라
소프트웨어다.
<도서관 프로젝트
내일>은 나눔이라는
소프트웨어로 비로소
완성되는 파빌리온이다.

제3의 매체로서의 파빌리온

2011년 양수인 건축가가 국립현대미술관의 청계천 광장 공공
프로젝트를 통해 선보인 작업 <있잖아요> 또한 관계맺음이라는
소프트웨어와 서울이라는 도시의 특성을 결합시킨 형식의
파빌리온이다. 투웨이 미러Two way-Mirror로 만들어진 이 유리박스는
바깥에서 바라보았을 때 불투명한 거울 박스이지만 일단 안으로
들어가서 말하기 시작하면 조명과 마이크가 켜지면서 발언대로
바뀐다. 바깥의 사람들은 박스 안의 사람과 그의 발언을 보고 들을
수 있으며, 한번 발화된 발언은 녹음이 되어 전시설치 기간 동안
끊임없이 재생된다. 이후에 파빌리온에 들어온 관객들은 녹음된
의견에 대해 인터넷의 댓글처럼 반응을 하여 꼬릿말을 발언할 수
있고, 더 많은 발언이 누적될수록 더 자주 파빌리온의 목소리가
광장에 들리게 된다. 파빌리온이 설계된 기계적인 장치는 단순하다.
그러나 단순하게 설계된 파빌리온이 청계천 광장이라는 중층적인
공간을 만나면서 복잡한 상호작용을 일으켰다. 한국의 현대사
속에서 광장은 격렬하게 자신의 의견을 발언하고 주장하는 장소로
사용되었으며 바로 그 이유 때문에 그곳에서 의견을 발언하거나
주장하는 것에 강력한 규제가 따랐다. 발언을 하고 퍼트리려는

사람들과 그것을 막으려는 사람들 간의 충돌을 해결하기 위해
우회적으로 마련된 해결책은 유희로서의 광장의 고안이었다.
청계천과 광화문에 분수와 물줄기를 설치되고 인공의 푸른 공원이
조성되었다. 이에 따라 서울의 광장은 전쟁터와 놀이터라는 상반된
속성을 가진 지킬과 하이드가 되었다.

<있잖아요>는 발언한다는 것 자체가 '지나치게 정치적인'
행위로 규정된 현대 서울의 공간에서 기계적으로 단순하고 중립적인
방식으로 도시의 반응과 소통 가능성을 살펴보는 실험실이었다.
청계천을 즐기러 온 수 많은 가족들과 연인들은 파빌리온을 통해서
사랑을 녹음하고 개인적인 추억을 광장에서 공유하였다. 관객들은
거울을 비추어보며 풍경을 감상하고, 다른 사람들의 추억을 들으며
함께 울고 웃었다. 한편으로 2011년 여름, 프로젝트가 진행되는 동안
반값 등록금 시위가 광장에서 불이 붙었다. 대학 등록금의 가파른
상승이 교육의 기회를 앗아간다고 생각하는 학생들은 방학 주말마다
그곳을 찾아 의견을 표명하였으며, 파빌리온을 자신이 발언대로
이용하였다. 물론 이와 반대의 입장에 서 있는 사람들에게도
파빌리온을 발언대로 이용할 수 있는 동일한 기회가 제공되었지만,
광장에서의 발언행위 자체가 정치적으로 읽혀지는 상황 속에서
반대의 입장에 있는 대부분은 발언을 하기 보다는 발언대 자체를
제거하고 싶어 하였다. 그저 말하고 녹음하고 방송하는 기능뿐인
파빌리온이 장소성과 역사적·사회적인 맥락 속에서 정치적인
기념물이 되기도 하였다가, 사랑의 박스가 되기도 하였던 것이다.
<있잖아요>는 복잡한 도시의 중층적 기억들 속에서 사람들에게
스스로의 목소리를 듣고 바라보게 함으로써 예술을 통해 실질적으로
사람들이 소통할 수 있는가에 관한 실험이었다.

사회적 관계망과 도시의 속성을 파빌리온의 재료로 삼은
양수인의 실험은 여러 공공 파빌리온 작업을 통해 개인과 사회의

8
청계천 광장에 설치된
<있잖아요>는 도시와
건축 간의 소통의
가능성을 실험한
일종의 설치작업이다.
파빌리온은 관람객들의
선택에 따라 정치적인
기념물이 되기도
하였다가 사랑의 박스가
되기도 한다.

8

9
유리로 만들어진
파빌리온은 관람객에게
자기 자신을 돌아보도록
한다. 과학기술과
산업화의 상징인
유리는 도시의 보석처럼
빛나지만, 밝은 쪽에
선 사람들은 어두운 편에
선 이들을 볼 수 없다.
댄 그레이엄, <큐브와
비디오 살롱 안의 투웨이
미러 실린더>, 1988,
1991.

관계망에 관해 개념적으로 접근하였던 작가 댄 그레이엄Dan Graham이
구현한 파빌리온에 근접한다. 댄 그레이엄은 1991년 디아 아트센터
Dia Center for the Arts에서 진행된 <루프 탑 어반 파크 프로젝트Rooftop
Urban Park Project>의 일환으로 제작한 <큐브와 비디오 살롱 안의
투웨이 미러 실린더Two-Way Mirror Cylinder Inside Cube and a Video
Salon>(1988~1991)를 제작하였다.

　　루프 탑 파빌리온은 도시계획과 현대 도시의 특징과
자기반추적self-reflective인 속성을 동시에 보여 주는 작업이었다.
작가는 디즈니랜드, 파리 쇼핑 아케이드와 같은 도시계획을
조사하고, 이러한 도시의 특징을 축소하여 표현하였다. 파빌리온에는
데스테일De Stijl의 유리와 철이 현대 도시의 가장 큰 특징을 짚어내기
위한 재료로 이용되었다. 근대의 정수와도 같은 바우하우스Bauhaus
건축의 뼈대 위에 작가는 자신의 맥락을 덧씌웠다. 파빌리온의 재료와
건축적인 구조는 바우하우스의 철저한 기능주의의 영향을 보여
주지만, 작가는 유리라는 매체를 오히려 정치적인 힘의 논리를 최대한
시각화시키도록 차용하였다. 유리는 매체의 특성상, 자기 자신을
돌아보도록 한다. 투웨이 미러 유리 파빌리온의 거울은 반사적이기도
하고 투명하기도 하여 더 많은 햇빛을 받는 쪽이 반사적이다. 거울의
어두운 쪽에 서있는 사람은 자기 자신을 볼 수 없고, 투명한 창을 통해
더 많은 빛을 받는 쪽의 사람들을 바라보게 된다. 반대로 빛을 많이
받는 쪽의 사람들은 어두운 쪽의 사람들을 볼 수 없다. 그들이 보는
것은 오직 자기 자신의 모습뿐이다. 과학기술의 신화와 효용성은
유리와 철로 이루어진 투명한 건물 속에서 정당화의 발판을 마련하고,
도시의 질서를 구축하지만, 우리 모두는 같은 선상에 서 있지 않다.
유리는 결국 바깥과 안을 가르고, 빛을 받는 쪽의 모습을 반영할
뿐이다.[38]

경계의 밖을 소환하는 파빌리온

이상에서 살펴본 파빌리온들이 스스로 증명하듯이 동시대 미술의
실험 속에 파빌리온 구조물은 심리적이며 사회적으로 자기반추적
self-reflective인 속성을 가진다. 파빌리온은 스스로를 인지하는
동시에 다른 사람을 인식하도록 만드는 구조이며, 관계를 형성하고,
신체(육체)로서의 인간과 그가 처한 상황을 인지하도록 한다.
파빌리온의 다양한 실험은 건축이나 예술에 머무르지 않으며, 오히려
그 너머의 밖, 사회와 역사를 끊임없이 소환한다. 그리고 그 밖에
기다리고 있는 것은 동시대의 우리가 마주하고 있는 온갖 종류의
문제점 그 자체이다. 그 동안 숨겨져 있었던 또는 외면하였던 밖은
예술가와 건축가에 의해 전선에 나서게 된다. 동시대의 미술을
신부로 맞이하여 파빌리온을 잉태하는 것은 사람들의 흐름이 만드는
익명적인 현실이라는 괴물인 셈이다.

이수연, 국립현대미술관 학예연구사

이수연은 서울대학교 언어학과를 졸업하고 동대학원에서 미술사를 전공하였다. 사무소
SAMUSO를 거쳐 2008년부터 국립현대미술관 학예연구사로 재직하였다. 2015년부터
코넬대학교 미술사학과 박사과정에 합류하여 동시대 미디어 아트와 영화, 퍼포먼스 등
예술 외연의 확장에 관한 연구를 진행하고 있다. 2010년 국립현대미술관 미디어 소장품
전시 <조용한 행성의 바깥>에 이어 2011년 <청계천 프로젝트>, <소통의 기술: 안리살라,
함양아, 필립 파레노, 호르헤 파르도>, 2012년 영국 헤이워드 갤러리와 함께 진행한 퍼포
먼스 전시 <MOVE> 및 2013년 3개년 독일–한국 간 국제예술교류 프로그램의 일환으
로 마련된 전시 <Korea-NRW 예술 교류 전시>를 기획하였다.

글. 김희정, 최장원

파빌리온에 비친
시대의 자화상

저항의 매개체로 또한 경계의 바깥에 있는 파빌리온은 사회에
메세지를 전달하는 새로운 시각적 소통수단의 장치이다.
2000년대 이후 파빌리온은 보다 더 적극적으로 사회 현상과
담론에 주목하며 이 시대의 성찰적 지점들을 반영하는 건축이
되어간다. ‹서펜타인 파빌리온›이 미술관이라는 예술 제도의
장에서 21세기 파빌리온의 태동을 알렸듯이, 이제 미술관은
저성장 시대에 놓인 젊은 건축가들이 건축과 대중과의 거리를
좁히며 건축을 실험하는 장이 되어 가고 있다. 그러한 실험적인
파빌리온은 기업의 브랜딩 수단이 되거나, 지역의 작은
랜드마크가 되기도 한다. 미술관 바깥에서도 오늘날 파빌리온은
예측할 수 없는 엄청난 재앙에 대응하는 긴급하면서도 임시적인
피난처가 되거나 물질적 풍요의 이면에 있는 또 다른 빈곤을
바라보는 성찰의 장이 되기도 한다. 과거 박람회 파빌리온이
기술적 구현에 초점을 맞추었다면, 최근 상하이 엑스포나 밀라노
엑스포에 등장한 파빌리온은 자연과 인간의 공존에 대한 전지구적
문제를 협업이라는 방식을 통해 보다 은유적으로 돌아보게 한다.
빛을 발산하는 건축에서 어둠을 발견하는 건축으로 파빌리온은
진화하고 있다.

"인류 역사 안에 새로운 시대가 시작되고, 새로운 삶의 발전을
저해하는 모든 것은 혁명의 급격한 물결에 의해 쓸려 버렸다.
이는 건축가의 영역 내에 적용되는 것으로 건축가들은 새로운
삶의 과정을 현실적인 반영과 구조를 통해 새로운 삶의
설계자들과 함께 행군하는 과제를 직면하게 되었다."[39]

건축은 과거부터 이상적인 사회 변혁을 구현하는 도구이자
시대정신을 반영하는 신념이기도 했다. 이러한 신념을 바탕으로 한
건축은 실현가능성이 전제되어야 했지만 많은 작업들은 종이 위에
그린 건축으로 남아 스펙터클 하지만 실현이 녹록하지는 않았다.[40]
　오늘날의 파빌리온은 건축의 이상성을 떠안아 인간의 욕망을
발휘하는 것 이상으로 사회적인 힘을 드러내는 적극적인 장치로
작동한다. 윤리와 자본이 다투는 현재에 이 시대의 성찰적 지점들을
투영하는 파빌리온은 물리적인 존재를 넘어 사회현상과 담론에
주목하며 지난 시대의 역사 위에서 미래를 새로 쓰는 실험체이다.
분명 그간 파빌리온을 건립하는 시도에는 실패도 있었다. 그만한
비용과 노력을 치를 가치가 있느냐고 묻는다면, 파빌리온은 다소
무모한 예술가의 투자라고 할 수도 있다. 제2차 세계대전 직후까지
파빌리온에 투영된 사회는 대부분 장밋빛이었다. 이제는 그 빛에 가려
보지 못했던 어두운 곳을 바라보는 역할 또한 파빌리온이 하고 있다.
　오늘날 파빌리온을 디자인하는 젊은 건축가들의 작업은 장밋빛을
보여 주기보다 저성장시대에 적은 자본으로 실험 가능한 건축
영역이라는 배경에 더 집중되어 있다. 어쩌면 파빌리온은 우리 젊은
건축가들이 처한 현실을 대신하는 상징처럼 보인다. 이전 세대의
건축가들은 건물로 실험하지만 젊은 건축가들은 파빌리온으로
실험한다. 파빌리온의 위상의 변화와 사회적 임팩트는 이 시대의
건축가가 직면한 상황과 맞닿아 있다. 파빌리온의 역할 변화는

앞으로도 계속될 것 이다. 파빌리온이 어떤 모습으로 변하고 어떤
영향력으로 우리 도시와 삶에 기여할까? 어쩌면 도시는 각각의 시간에
만들어진 파빌리온의 실험의 집합이 될 수 있을까? 세대들의 삶의
집합과 실험의 집합이 바로 도시를 이루는 것이다.

21세기형 파빌리온 태동,
서펜타인 갤러리 파빌리온

스카이라인은 서서히 변하지만, 작은 건축 작품들은 활발히 지어지는
런던에서 매년 여름 해외 건축가가 설계한 새로운 건축을 만난다.
런던의 켄싱턴 가든에 위치한 서펜타인 갤러리의 정원에서 시작된
서펜타인 갤러리 파빌리온Serpentine Gallery Pavilion은 현대적 파빌리온의
대표적인 사례로 2000년대에 파빌리온의 새로운 계보를 썼다.

  2000년 자하 하디드Zaha Hadid를 시작으로 다니엘 리베스킨트
Daniel Libeskind, 렘 콜하스Rem Koolhaas, 알바로 시자Alvaro Siza,
헤르조그 앤 드 뫼론Herzog & de Meuron 최근 소 후지모토藤本壯介와
스페인의 건축가 셀가스카노Selgascano에 이르기까지 영국에 완공한
건물이 없는 건축가에게 기회가 주어진다. 건축가에게는 영국에
지어지는 첫 번째 건물이라는 의미도 있지만 무엇보다 표현의
제약이 많은 일반 건축물에 비해 창작의 자유가 주어지는 기회이다.
2000년, 당시 주목 받기 시작한 건축가 자하 하디드가 미술관 후원금
마련 파티를 위한 임시 천막구조물을 설치했다. 예상외의 반응으로
주목받은 이 구조물은 여름 내내 대중에게 공개되었으며 이는
서펜타인 파빌리온의 시작이었다.

  서펜타인 파빌리온 프로젝트는 정해진 예산이 없다. 전체 공사비의
40퍼센트를 갤러리에서 후원하고 나머지는 협력사의 협업으로
이루어진다. 서펜타인 파빌리온의 모든 작업에는 협업이 전제되어
있다. 오랜 파트너 관계를 맺고 있는 ARUP은 구조기술 자문을

하고 잉글랜드 예술위원회는 전시 기간 동안 지속적인 프로그램을
개발한다. 이것은 서펜타인 파빌리온을 15년 동안 지속할 수 있는
힘이기도 하다.

　　건축가들의 축제의 장에서부터 퍼포먼스, 음악, 영화, 문학 등
다양한 장르를 공원의 밤과 파빌리온을 배경으로 즐기는 '파크
나이트Park Nights'와, 공동 디렉터 한스 울리히 오브리스트Hans
Ulrich Obrist의 진행으로 24시간 마라톤 형식의 인터뷰를 모티브로
한 '마라톤 시리즈Marathon Series'에 이르기까지 미술과 건축 담론의
장으로 역할하면서, 서펜타인 파빌리온은 5월부터 9월까지
한 여름 밤의 꿈같은 건축에서 지속적인 이야기들을 만들어내고 있다.
1932년 티 파빌리온Tea Pavilion으로 만들어진 곳에서 동시대 미술을
담는 미술관 그리고 새로운 얼굴로 환대하는 파빌리온 프로젝트의
시작 장소로서 서펜타인 파빌리온의 역사는 이 시대의 요구에 따라
변화하는 파빌리온의 모습을 대변한다.

　　이 시리즈 중 지난 15년간의 파빌리온 역사를 새롭게 유형화시킨
작업이 있다. 2012년 건축가 헤르조그 드 뫼론과 아티스트 아이
웨이웨이艾未未의 <고고학적 파빌리온Archaeological Pavilion>이다.
이름 그대로 고고학적 접근archaeological approach을 통해 과거 열한 개의
파빌리온의 흔적과 파편들을 찾아 관람객으로 하여금 지난 작업들을
다시 느낄 수 있게 하였다. 지난 열한 개 파빌리온의 흔적을 지면에
파서 동굴의 모습으로 형상화하고 이를 바탕으로 과거 열한 개의
기둥은 과거의 흔적과 함께 열두 번째 파빌리온의 원형 지붕 구조물을
지지한다. 관람자의 눈높이에 맞춰진 물로 가득 채워진 지붕은
서펜타인 갤러리를 비추며, 공원의 나무들과 런던의 하늘을 담아낸다.
파빌리온은 과거의 흔적과 현재의 공원 풍경을 동시에 담아 내었다.

1

2

3

1
2000년 서펜타인 갤러리 후원금 마련을 위한 이벤트 장소로 만들어진 자하 하디드의 가설 건물은 예상외의 관심을 얻게 되자 그해 여름 내내 대중에게 공개되었다. 이 천막 구조물은 서펜타인 파빌리온의 시작이 되었다. 이러한 연유로 자하 하디드는 최근 서펜타인 새클러 갤러리 설계를 맡기도 하였다.

2, 3
조개껍질을 떠올리게 하는 2014년 서펜타인 파빌리온은 칠레 건축가 스밀한 라딕의 작품이다. 주재료인 얇은 섬유유리가 주변의 풍경과 잘 어우러진다. 전시 기간 중 한나 페리의 <Horoscopes> 등 다양한 퍼포먼스와 이벤트가 펼쳐지며, 특히 밤에 조명을 품은 파빌리온은 내부의 풍경을 비추며 진풍경을 만들어 냈다. 이 작품은 전시를 마친 뒤, 2015년 'Hauser & Wirth Somer-set'로 이전 설치되었다.

브랜딩 건축, 이미지 메이커로서 파빌리온

뉴욕의 브로드웨이 타임스퀘어, 우리나라 명동처럼 상품과 자본이
넘치는 도시의 거리에는 형형색색 네온사인과 간판이 건물의 겉을
둘러싼다. 우리의 기억 속에 거리와 건물은 사라지고 브랜드의 광고
카피와 이미지만 남는다. 말과 이미지 홍수 속에서 남들과 차별화된
브랜딩 방식만이 생존하기 때문이다.

    최근에 패션, 디자인 브랜드들은 팝업 스토어를 이용하여
판매, 전시와 홍보를 일체화하고 있다. 스마트하고 적극적인
방법으로 건축을 활용하고 있는 셈이다. 팝업 스토어는 단기 임대로
외부공간에서 게릴라식 임시매장을 만들 수 있다. 일반적인 백화점
또는 대형 매장처럼 건물 안에서 상품을 전시하지 않고, 공간 그
자체가 걸어 다니는 상점이 된다. 팝업 스토어는 상품의 판매뿐만
아니라, 브랜드의 아이덴티티를 각인시키는 도구로 사용된다.
전통적인 상품을 진열하는 디스플레이 방식보다 상대적으로 짧은
설치기간과 편리한 이동이 팝업 스토어의 장점으로 파빌리온은 이런
요구에 잘 부합하는 건축 유형이다. 팝업 스토어는 가게가 밖으로
나와 상업공간과 일상 공간의 경계가 얇아진 일시적인 장터와 같다.
공공장소 속의 팝업 스토어에 문화, 예술적인 컨텐츠가 더해지면서
갤러리와 극장 등 다채로운 기능을 포함하는 소규모 문화 플랫폼의
시대가 열리게 되었다. 2009년 서울의 중심부 경희궁 앞뜰에 등장한
<프라다 트랜스포머Prada Transformer>가 그 대표적인 예이다. 마치
달착륙선이 불시착이라도 한 것처럼 생경한 장면을 연출한다.
네델란드 출신의 건축가 렘 콜하스가 설계한 이 건축물은 패션
브랜드 프라다의 역사와 앞으로의 방향, 즉, 디자인과 예술, 공간의
융복합을 보여 주는 '전시를 위한 임시건축물(파빌리온)'이다.

    렘 콜하스와 프라다의 협업으로 만들어진 '트랜스포머'는
일반적인 팝업 스토어보다 진화한 문화 공간 프로젝트이다.

4

과거 11개의 파빌리온의
흔적을 고고학적 접근을
통해 개념화한 열두 번째
파빌리온이다. 2008년
베이징올림픽경기장을
설계한 헤르조그 앤드
뫼론과 아이 웨이웨이가
다시 협업했다. 코르크와
알루미늄을 주재료로
사용했으며 알루미늄으로
만들어진 원형지붕은
무대로도 사용 가능하며
때로는 물을 담아 주변의
풍경을 담는다.

패션쇼, 극장 등의 각각의 이벤트에 대응하는 육각형, 직사각형, 십자형, 원형이 사면체의 각 면에 삽입된다. 높이 20미터의 사면체, 강철프레임은 네 대의 크레인을 통해서 주기적으로 회전이 가능하다. 중력에 저항하며, 천장이 바닥이 되고 바닥이 벽이 되기도 하는 위계가 변하는 공간이다. 3개월 단위로 프로그램이 변하는데, 구조를 회전시키는 과정 또한 방문객들의 눈길을 사로잡는다. 파빌리온을 움직이는 것, 즉 건축을 만드는 것이 퍼포먼스 그 자체가 되었다. 브랜드가 추구하는 미래지향적인 이미지, 전통과 현대의 조화 등은 트랜스포머가 가지는 가변적 공간의 전략과 일치한다. 건축이 패션, 미술, 영화 등을 통섭할 수 있는 주체가 된 것이다.

브랜드가 자사 상품의 광고가 아닌, 공공 프로그램과 커뮤니티를 위해 가변형 건축을 활용한 사례도 있다. 구겐하임 재단과 BMW는 손을 잡고 뉴욕 맨해튼에 미술관과 기업의 융합연구소인 <BMW 구겐하임 랩>을 만들었다. BMW 구겐하임 랩은 전 세계 주요 도시를 순회하는 이동 연구소다. BMW 구겐하임 랩은 모듈로 제작되어 이동이 용이하며, 지난 2011년 8월 미국 뉴욕, 2012년 6월 독일 베를린을 거쳐, 2012년 12월에는 세 번째 도시인 인도 뭄바이로 이동했다. 도쿄의 건축사무소 아틀리에 바우와우Atelier Bow-Wow의 작품으로 극경량 소재의 탄소섬유 골조로 설계된 최초의 건물로, 다양한 프로그램에 대응할 수 있는 최소한의 기계, 전자 설비 플랫폼이 지붕구조에 갖춰져 있다. 지붕에는 트랙을 설치하여 툴 박스 등 각종 기구를 달 수 있어 디스플레이가 다양한 시각적인 정보를 전달한다. 슬로건도 '편리함에 저항하기Confronting Comfort'로서 현대도시가 교통과 온라인화로 편리해지는 현상에 반하여, 도시에서 사람들이 빈번히 인터액션하는 공공공간을 만들어 주기 위함이다. 점점 소형화, 개인화되는 휴대용 전자기기에 대응하며, 오히려 오프라인의 불편함을 기꺼이 즐기고 나누려는 사람들 사이의 감성과

5
이동성을 갖춘 건축
구조물인 <BMW
구겐하임 랩>은 도시에서
도시로 옮겨 다니면서
도시 생활에 영향을
미치는 주요 문제에 대한
아이디어와 실용적인
해결책을 공유할 수
있는 공공의 장을
마련하였다. 실험실이
방문하는 도시와
도시민들의 일상과
긴밀한 연결고리를
형성할 수 있도록
계획되었다. BMW
구겐하임 랩 뉴욕(위)과
베를린(아래)의 모습.

6
프라다와 건축가
렘 콜하스가 공동으로
진행한 복합 예술
프로젝트. '건축물은
움직이지 않는 것'이라는
고정관념을 깨고
'변화하는 건축물'이라는
타이틀을 단 <프라다
트랜스포머>는 크레인을
통해 회전을 한다. 각기
다른 네 가지 모습으로
변신한다. 육면체, 십자형,
직사각형, 원형으로
이루어진 사면체의 각
면이 때로는 바닥이 되고
때로는 벽면이나 천장이
되면서 전시장과 영화관,
미술관 등 다채로운 문화
공간으로 활용된다.

지성을 되찾으려는 실험이다.

　　BMW 구겐하임 랩은 도시 공동체에 대한 미래지향적 생각과 디자인을 교류하는 장이다. 건축, 예술, 디자인, 과학, 교육 부문의 신세대 전문가들이 오늘의 도시를 고찰하고 미래 도시상을 제안하는 프로젝트로 6년간(2011~2016) 세계 9개 도시를 순회하는 구상으로 시작되었다. 비록, 프로젝트 배경에는 고도의 상업적인 전략과 브랜드 이미지 개선 등의 이유가 있지만, 글로벌 네트워크의 연계와 커뮤니티를 통한 도시적 가치의 재생산, 미래 지향적 사고의 공유 등 도시 촉매제로서 새로운 모델을 제시하였다. 파빌리온이 이미지를 생산해내는 '브랜딩 건축'으로서 상업적인 성격과 더불어, 공공적인 성격과 사회적 역할에 대한 기대와 요구가 점차 증가하고 있음을 보여 준다.

지역을 알리는 건축에서 지역 속 건축으로

'에펠탑 효과', '빌바오 효과', 'DDP 효과'는 건축이 도시에 주는 긍정적 변화를 이야기하기도 하지만 그 이면에 있는 거대자본의 논리와 효용가치에 대한 어두운 그림자를 시사하기도 한다. 이제는 더 이상 도시와 경제의 개발 논리가 건축물의 크기와 수, 또는 명품건축에 비례하지 않는다. 영국의 큐레이터이자 건축가인 리키 버넷Ricky Burnett은 "오늘날은 어떻게 더 적은 비용으로 용도에 적합한 건물을 짓느냐가 관건"이라고 말했다. 작은 파빌리온은 명품건축이 없이, 그리고 긴 시간과 막대한 예산 없이도 도시를 살리는 것이 가능함을 보여 준다.

　　2005년 포르투갈 출신의 건축가 알바로 시자가 설계한 <알바로 시자홀>이 <안양파빌리온>으로 명칭을 바꾸고 시민 참여형 공공예술의 접점을 확대하는 거점으로 변모하였다. 개관 이래 간간이 전시장으로 사용하였지만 효율적으로 운영되지는 못했다. 2014년

7

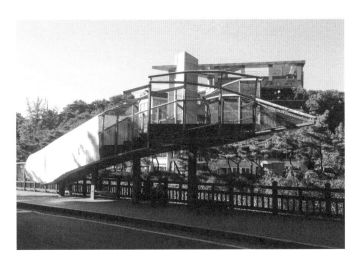

8

7
<알바로 시자홀>은 2005년 알바로 시자가 아시아에 설계한 첫 번째 건물이다. 초기에는 전시장으로 사용 되다가 2013년 안양 파빌리온으로 그 명칭을 바꾸고 공공예술 도서 및 APAP의 유무형 아카이브를 열람할 수 있는 공간으로 사용되고 있다.

8
제1회 안양공공예술 프로젝트의 일환으로 안양예술공원 입구에 설치된 이탈리아 건축가 엘라스티코의 작품 <아르키테우스(일명 오징어정거장)>이다. 이탈리아 건축가가 사이트 주변과 이용객 들의 관찰에서 비롯된 흥미로운 상상력을 시작으로 오징어 형태의 구조물을 만들었다. 이 작품은 버스 정류장의 이전과 이용자들의 안전문제가 제기되면서 유지보수를 위해 노력했지만 2014년 3월 철거되었다.

제4회 안양공공예술프로젝트APAP를 앞두고 안양파빌리온은 고민
끝에 지속적인 활용을 위하여 소규모의 아카이브 센터로 용도를
바꾸었다. 이러한 변화를 선택하게 된 배경에는 APAP의 가시적인
성과가 문화적으로 소외되었던 안양 지역의 문화적 활성화 및 지역
브랜딩에는 크게 기여했지만 운영의 한계에 부딪혔기 때문이다.
2005년부터 2010년 3회에 걸쳐 설치된 작품 수는 총 92개로 이중
3개 작품은 이전, 32개는 전면보수가 진행 중이다. 파빌리온을
포함한 공공예술프로젝트의 유지관리보수는 설치 때만큼이나
거대한 예산과 노력을 필요로 하였다. 이렇게 작품을 존속시키는
것의 실효성마저 의심을 받았고 사업의 지속성마저 도마 위에 올랐다.
이후 눈에 보이는 작품의 생산 대신 작품의 질적인 이해와 주민참여에
더욱 집중하는 해결책을 제시하였다. 제4회 APAP의 주제는 이런
과제를 떠안고 출발한다. 지속적인 운영에 초점을 맞추어 파빌리온
및 공공예술의 수명에 대하여 논의를 시작하였다. APAP의 백지숙
감독은 APAP가 달려온 지난 8년의 속도는 한국 사회의 발전 속도와
맞물려 있다고 말했다. 1회에서는 안양예술공원, 2회는 평촌 신도시의
형성에 집중하고, 3회는 전반적인 재개발과 재건축의 반성이었다면,
4회는 지난 세 번의 APAP의 개발 속도를 되짚어 보고 작품의
물리적 보존과 관리에 대한 문제와 동시에 좀 더 적극적이고 지속적인
방법을 모색한다고 언급했다. 영국의 일부 기관에서는 작품을
설치할 때부터 작품의 재료나 지역적 특성을 근거로 수명을 결정하여
지역의 변화에 더 유연한 대처를 가능하게 한다.[41] 안양파빌리온은
APAP와 유기적인 연계성을 갖고 단발성으로 머무는 지역 기반의
문화정책사업을 주민참여를 통해 개선하려 한다. 이곳은 지역문화의
거점으로 수명이 다해서 버려지는 파빌리온이 아닌, 기능의 진화를
더욱 발전시킨 사례이다.
　　안양파빌리온이 안양문화라는 지역 브랜드를 창출하였다면

9
2008년도
<키빅 파빌리온>은
콘크리트로 만들어진
세 개의 구조물
The Cave, The
Stage, The Tower로
구성되어 있다. 각기
다른 모양이지만
100입방미터의 같은
질량을 가지고 있으며
2개월이라는 짧은 기간
동안 지어졌다. 주변 자연
경관을 다양한 시점에서
볼 수 있다.

<키빅 파빌리온Kivik Pavilion>은 기존 지역이 가지고 있는 특성을
잘 살려낸 프로젝트라 할 수 있다. 스웨덴의 남동쪽에 위치한
키빅Kivik지역에 자리한 키빅아트센터는 2007년부터 파빌리온
프로젝트를 시작했다. 이 프로젝트는 건축가와 아티스트의 협업을
근간으로 2007년에는 노르웨이 건축가 스노에타Snohetta와 사진가
톰 샌버그Tom Sandberg가 <모선Mother Ship>을, 2008년에는 영국
건축가 데이비드 치퍼필드David Chipperfield와 조각가 안토니
곰리Antony Gormley가 <건축의 주관적 경험에 대한 조각A Sculpture for
the Subjective Experience of Architecture>을 설치했다.

　　무엇보다 키빅 파빌리온이 다른 파빌리온과 구별되는 점은
지역성에 있다. 지역에서 생산되는 재료를 사용해서 환경조절을 하며
지역 기반의 산업체와 협업하여 실질적인 지역경제에 이바지 한다.
파빌리온 완성 이후에 효과를 기대하기보다는 만들어지는 과정부터
지역과 긴밀히 소통한다.

　　위의 두 사례보다 좀 더 적극적으로 지역주민과의 연계를 염두에
둔 파빌리온이 있다. 미국건축가협회AIA의 뉴욕신진건축가협회
ENYA와 뉴욕구조전문가협회SEAoNY가 매년 여름 '도시의 꿈City
of Dream'을 주제로 젊은 건축가에게 맨해튼 남부의 거버너스 섬에
파빌리온을 지을 수 있는 기회를 준다. 매년 두 팀을 선발하며
우승작은 '재료material', '실용성practice' 그리고 '관계relationship'에
대한 이슈를 반영하여야 한다. 2015년 우승작인 스페인
건축가 아이자스쿤 킨칠라Izaskun Chinchilla Architects가 설계한
<자체성장Organic Growth>의 캐노피 구조는 생물체의 형태인
수국hydrangea의 모양에서 영감을 받았다. 이 작업에서 주목할 것은
파빌리온 전체를 구성하는 작은 유닛의 조합과 유닛의 재료를
수급하는 방법까지도 지역과의 소통을 적극 고려했다는 점이다.
기본 유닛의 재료는 헌 우산과 자전거 바퀴이다. 이 지역의 재활용에

10
2015년 여름, 뉴욕,
거버너스 섬에 스페인
젊은 건축가 그룹
아이자스쿤 킨칠라의
<자체성장>이 설치
되었다. 생물의
형태학과 수국에서
영감을 받은 구조는
지역주민들의 도움을
받아 수집한 헌 우산과
자전거바퀴 등으로
만들어졌다. 자연에서
얻은 교훈은 인간의
삶에 자연스럽고도
직관적으로 적용
가능하다.

11

12

관심 있는 여러 지역 단체들과 시민들이 주도적으로 이러한 재료들을 수집했다. 사회적 협력과 재활용을 통하여 작품과 지역의 문화가 직접 연계되는 지역 자생적인 파빌리온의 유형을 제시하였다.

젊은 건축가의 파빌리온

21세기 파빌리온은 정원의 정자나 박람회장에 놓이기보다 미술관에서 프로젝트로 기획되기 시작했다. 미술관은 젊은 건축가들의 현상설계를 통한 참여를 유도하였고, 미술관이 예술을 매개로 건축을 대중과 쉽게 소통시킬 수 있는 장소가 되었다. 파빌리온의 임시적인 특성은 구조와 기능적인 부분에서 '유연함flexibility'을 발휘한다. 형태나 구조, 디자인 측면에서 다양한 실험이 가능하다. 미술관에서의 파빌리온은 재료나 구축 등의 실험과 건축이 대중과 만나는 방식에 새로운 담론을 창출하는데 주력한다. 창의적인 상상이 적용된 파빌리온은 건축과 예술, 설치미술 사이의 범주로 간주되며, 젊은 건축가들은 파빌리온을 통해 구축적인 창의성과 사회적인 이슈를 던지기도 한다. 기존 건축에서 실행할 수 없었던 요소를 과감하게 적용하며, 건축에 대한 대중의 관심을 유발한다. 뉴욕의 모마MoMA PS1에서 진행하는 젊은건축가프로그램Young Architects Program(이하 YAP)은 젊은 건축가의 등용문이다. 이곳에 작품을 설치한 So-il, HWKN이나 WORK AC와 같은 신생 건축그룹들은 이를 계기로, 본격적인 건축설계실무에서 두각을 나타내었다.

뉴욕 퀸즈에 위치한 모마 PS1의 공터를 활용하여 사람들이 쉴 수 있는 그늘을 만들어 주고, 신나는 음악과 이벤트가 가득한 '웜업warm-up 파티'를 연다. 파빌리온을 중심으로 파티를 열어 시민들을 위한 놀이터가 된다. 1998년 뉴욕에서 시작된 YAP는 최근 국제적인 네트워크를 통해 로마 국립21세기미술관MAXXI,

11
뉴욕 모마 PS1에 설치된 HWKN의 <Wendy>(2012). 70×70×70피트의 거대한 별모양의 설치물은 공기 중의 오염물질을 걸러낼 수 있는 나노입자 스프레이 처리된 나일론 원단을 사용해 만들어졌다. 260대의 자동차가 내뿜는 양의 오염된 공기를 정화시킬 수 있다.

12
뉴욕 모마 PS1에 설치된 Work AC의 <Public Farm>(2008). 종이튜브로 만들어진 기둥을 구조로 활용하고, 그 위에 식물로 쌓인 캐노피를 만들어 그늘을 제공한다.

13

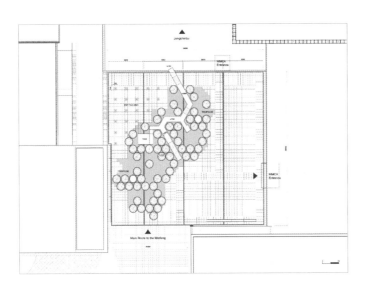

13
'현대카드 컬처프로젝트
15_젊은 건축가
프로그램 2014' 당선작
문지방의 <신선놀음>.
아시아에서는 처음
개최된 MoMA의 젊은
건축가 프로그램(YAP)
우승작이다.
국립현대미술관 서울관의
마당 공간과 주변 경복궁,
인왕산, 종친부와 기무사
건물 등의 장소성을
신선과 산수화를
콘셉트로 연결한 파빌리온
작업이다. 도판은 왼쪽
위부터 설치된 작품
전경, 모티브가 된
<인왕제색도>, 작품 도면,
설치 작업 모습.

이스탄불 현대미술관, 산티아고 컨스트럭토Constructo가 함께
참여하고 있다. 2014년부터는 국립현대미술관이 아시아에서
처음으로 참여했다. 2014년 프로젝트팀 문지방의 우승작
<신선놀음>은 장소가 가지는 역사성과 공공성에 주목했다. 중성적인
성격의 미술관의 마당 공간과 주변 경복궁, 인왕산의 풍경과
종친부와 기무사 건물의 역사성을 이어 주는 징검다리와 같은
무대를 고안한 것이다. 전래 동화 속 신선이 노닐던 신비로운 풍경과
산수화의 구름은 에어벌룬 형태로 실현하고 사이사이에 물안개를
만들어 환상적인 분위기를 극대화했다. 에어벌룬을 사람들이 직접
만지고 밀고 흔드는 행위까지 수용하였다. 관객의 행위를 적극적으로
유발하여 이 장소에 관객 자신의 움직임을 각인하는 것이다.

　이처럼 파빌리온은 장소 특정적인 예술의 한 부분으로서 도시
속에서 삶과 연관되어있다. 모마 PS1은 수년간 파빌리온을 위한
이벤트를 지속하면서 그 장소의 힘이 견고해진다. 파빌리온의 설치와
해체가 반복되면서, 대중은 이벤트가 있는 '미술관 옆 파빌리온'을
기억하게 된다. 미술관 안의 작품들이 화이트 큐브의 공간에서의
전시방식을 따른다면, 젊은 건축가의 미술관 마당을 이용한
프로젝트는 마치 벽이 없는 듯한 전시를 만들어, 미술관이 대지로
무한 확장한 것처럼, 생동감 있는 공간을 창출하였다.

임시거처를 위한 건축

자연재난이 예기치 못하게 발생했을 때 재난민들은 대개 체육관, 학교
강단, 또는 주민 공간에 임시 거처하게 된다. 최소한의 프라이버시
확보는 재난민에게 최우선으로 중요하다. 삶의 터전을 잃고 정신적,
육체적 건강을 동시에 위협받기 때문에 위생과 더불어 최소한의
프라이버시는 확보되어야 한다. 임시거처를 위한 건축은 제작과
설치가 신속해야 하고, 누구나 편리하게 이용할 수 있어야 한다.

14

14
1994년 반 시게루는
유엔난민기구와 협력해
르완다 내전으로 인한
난민을 위해 흔히
구할 수 있는 소재인
상자의 판지를 말아
만든 종이튜브로 임시
보호소를 만들었다.

15
2011년 동일본 대지진
이재민들을 위해
반 시게루가 디자인한
칸막이가 설치되었다.
재생지 파이프와 테이프,
천막과 같이 간단한
재료로 쉽고 빠르게
만들 수 있다.

15

16

17

이런 재난 상황에 적극적으로 뛰어드는 건축가가 있다. 그는
종이건축으로 잘 알려진 일본의 반 시게루坂茂이다. 1994년 르완다
내전에도 국제 난민을 돕기 위한 활동을 시작했다. 종이 튜브로
만들어진 임시보호소를 계기로 끊임없이 종이 재료를 활용한 실험을
통해 디자인과 시스템을 개선하였다. 1995년 고베지진으로 발생한
이재민을 위한 임시거처를 만들고, 화재로 불타 없어진 다카토리
교회를 종이와 천으로 재건하기도 했다. 그의 일련의 활동은
사회적 의무를 다하는 건축가의 모습을 보여 준다. 지진, 해일 등
자연재해로 피해를 입은 사람들에게 희망과 용기를 주며 보듬어
주는 공간의 형성이 그 주안점이다.

대표적으로 그는 2011년 동일본 대지진 당시 미야기현
이재민들이 대피 중이던 체육관에 1,800여 개의 종이로 만들어진
칸막이를 설치했다. 최소한의 프라이버시를 위한 칸막이 장치였다.
그가 고안한 시스템들의 공통점은 대피시설에서 가족의 규모나
상황에 따라 다양한 크기로 설치할 수 있고 조립과 해체가
용이하다는 것이다. 또한, 그 지역에서 쉽게 찾을 수 있고 재사용될
수 있는 재료를 이용한다.

건축가 이토 도요伊東豊雄 역시 재난 건축과 건축을 통한
커뮤니티의 회복을 강조하고 있다. 2011년 대지진을 경험한
기점으로 '집'에 대한 생각이 많이 바뀌었고, 그 동안의 작업이
주로 클라이언트를 위한 내부공간 설계에 치중한 것이라면, 이제는
'어우러진 삶'을 구현하는 사회를 위한 건축을 하겠다 밝혔다. 이토
도요는 그가 설계한 미디어테크 건물이 있는 센다이 피해지역 복구
프로젝트를 지원하면서 사회를 위한 건축에 뜻을 두었다.
<모두의 집>이라는 커뮤니티 공간이 대표적인 사례이다. 건축가는
가설주택에서 생활하던 피해주민들의 의견을 듣고 공간적인
해결방안을 제시하고, 관공서의 입장과 조율하면서 이런 과정을

16
<컨테이너 쪽방촌>
프로젝트는 산업폐기물을
재활용함은 물론 도시
재생의 의미도 담았다.
낡고 허름한 쪽방촌에
폐기 처분할 컨테이너를
이용하여 6미터짜리
컨테이너 17개로
36개의 방을 만들었다.
12미터 컨테이너 3개로는
휴게실과 샤워실,
조리실을 묶은 부대시설
건물을 만들어 숙소와
연결했다.

17
재난 이후 자연 환경과
커뮤니티의 변화까지
고려해 분해조립이 가능한
건축물을 제작하였고,
구조물의 안전진단
및 구조 계산 등 각종
시뮬레이션을 통해
내구성과 신속한 조립이
가능한 최적의 건축물을
설계할 수 있었다.
위진복과 박관주의
<피난처>.

통해 건축가의 사회적 책임을 잘 보여 주었다. 이렇게 완성된
<모두의 집>은 임시거처를 위한 하드웨어의 중요성 못지않게
정신적인 유대와 교감을 위한 소프트웨어적인 건축개념을
공유하는데 역점을 두었다. 건축물을 디자인하는 것 자체가 목적이
아닌, 실제 그 공간을 절실히 필요로 하는 사람들의 정신적 치유를
프로젝트의 중심에 둔 것이다.

　　우리 사회에도 사회적 약자를 배려하는 공공건축이 의미를
가지기 시작하였다. 건축가 위진복의 <영등포 컨테이너 쪽방촌>과
'착한 삼각형'이라 불리는 <피난처>(2015) 프로젝트는 그의 가변형
건축과 임시거처에 대한 관심을 잘 보여 준다. 위진복은 국내 여러
구호단체와 협력해 2013년 태풍 하이엔의 피해를 받은 필리핀의
작은 마을 타나완에 삼각형을 조합한 구조물을 만들었다. 평상시
사용될 수 있는 마을 커뮤니티 공간을 마련하고자 빈터에 철골
삼각형을 겹겹이 포개어 20평 규모의 <피난처>를 만든 것이다.
<피난처>는 네 면이 모두 개방되어 바람이 자연스럽게 통하며 강한
태풍에도 견딜 수 있다. 또한 이 시스템을 저렴하고 신속하게 설치 할
수 있는 효과적인 모듈 시스템을 적용하였다.

　　모듈 시스템을 활용한 <영등포 컨테이너 쪽방촌>은 고가도로
밑의 자투리 공간과 주차공간에 컨테이너를 재활용하여 노숙자를
위한 공간을 만들었다. 건축가는 저예산으로 지역 자치단체와
봉사단체가 쪽방촌 이웃의 생활수준 향상을 돕는 프로그램을 함께
만들어, 컨테이너 쪽방촌은 사랑방과 같은 커뮤니티 공간으로
역할한다. 파빌리온과 같은 가설건축은 재난민과 사회적 약자의
거주환경뿐만 아니라 심리적 안정까지 줄 수 있는 사회적 의무를
충족시킬 수 있으며, 보다 신속하게 설치할 수 있는 시스템으로
개발되어야 한다.

18

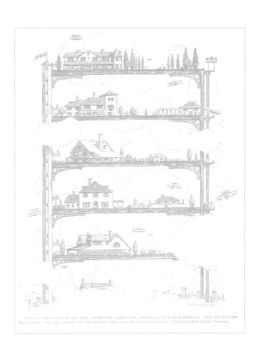

18
랜드스케이프를
켜켜이 쌓아 올린
듯한 MVRDV의
네덜란드관은 21세기
인류가 직면한 기술
개발과 환경보존에 대한
이슈를 조화를 통해
보여 준 하노버 엑스포의
대표적인 작업으로
6개 층으로 구성된
공간에는 친환경
시스템을 도입하여
관람객들이 몸소
체험할 수 있는 경험적
전시공간을 선보였다.

19
1909년 <라이프>
매거진에 실린 삽화
<수직의 도시>.

19

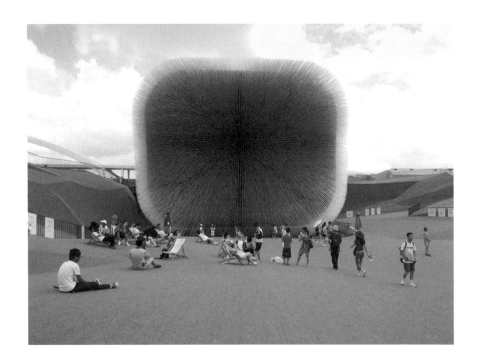

빛을 발산하는 건축에서 어둠을 발견하는 건축으로

실시간으로 세계의 동향을 손끝으로 확인할 수 있는 오늘을
가능하게 한 기술 발전은 수많은 부작용을 가져오기도 했다. 21세기
이후의 파빌리온은 발전의 물질적 풍요의 이면에 있는 빈곤을
일깨워 준다. 과거 파빌리온이 그 당시 신문물과 기술을 소개하는
장이었다면 오늘날의 파빌리온은 그것에 소외된 면을 반성하고
성찰하는 장소이다. 이러한 실험은 구축적인 구현에서도 참여적
방식을 적용하며, 실천적인 프로그램도 제시한다.

최근 엑스포 파빌리온의 건립에서도 과거와 다른 방식을
발견하게 된다. 21세기의 첫 번째 엑스포가 열렸던 하노버Hannover
엑스포는 기술 진보의 이면에 있는 환경 보전을 주목한 최초의
전시이다. 행사장 앞 6천 가구의 주거단지 조성에 에너지 사용의
최소화, 생활하수의 재활용, 차 없는 단지를 조성하는 등 환경에
대한 경각심과 비전을 적극적으로 반영하였다. 장내에서 21세기
정원을 주제로 주목받은 MVRDV의 네덜란드관은 이러한 점에서
매우 상징적이다. 1909년 <라이프> 매거진 삽화로 소개된 바 있는
네덜란드의 랜드 스케이프를 쌓아올린 듯한 가건물을 두고 작가이자
논평가인 요스 보스만Jos Bosman은 "우리의 상상력이 어디까지 실현
가능한지를 보여 준 훌륭한 예"라고 극찬한 바 있다.[42] 예로부터
간척을 통해 삶의 터전을 만들어온 네덜란드인에게 대지의 수직적
구성은 경제적이고 친환경적인 해결책이었다. 6개의 랜드스케이프가
켜켜이 쌓아 올려진 구성은 옥상에서부터 그 여정이 시작된다. 각
층에서는 각기 다른 물, 바람 등과 같이 서로 다른 동력으로 한
에코시스템을 체험하며 땅에서는 실제 대지의 조경을 만나게 된다.

하노버 엑스포의 파빌리온이 미래 사회에 대한 경각심을
일깨웠다면 그 이후에 엑스포 파빌리온은 좀 더 성찰적인 경향을
보인다. 2010년 상하이 엑스포에서는 기술 발전으로 드리워진

20
2010년 상하이 엑스포
영국관 <씨앗의 성전>.
파빌리온을 구성하고
있는 씨앗이 담긴 아크릴
섬모는 외부 환경에
민감하게 반응하며
밤과 낮에 그 모습을
달리한다. 이 파빌리온을
설계한 영국의 헤더윅
스튜디오는 자연을
소재로 인터렉티브한
디자인을 많이 선보인
바 있다.

21

그림자를 의식하며 '더 좋은 도시와 더 좋은 삶Better City, Better Life'을
주제로 자연과 도시, 인류의 미래, 환경, 지속가능성에 대한 논의들이
이루어졌다. 급속한 도시화를 겪고 있던 중국이 스스로에게 보내는
경고의 메시지였으며, 세계를 향한 겸손함이었을지도 모른다.
이미 반세기 전에 비슷한 시기를 보낸 영국은 자연으로의 회귀를
표방하였다.

　　헤더윅 스튜디오Heatherwick Studio가 설계한 영국관 <씨앗의
성전The Seed Cathedral>은 축구장 크기만 한 대지에 런던의
큐왕립식물원Kew Garden에서 수집해 온 60만여 개의 씨앗을
감각적으로 보여 주었다. 7.5미터 길이의 6만 개의 투명한 아크릴
촉수 끝에 씨앗을 담고 이 아크릴 촉수가 모인 씨앗의 성전은 거대한
민들레씨를 연상케 한다. 씨앗이 있는 아크릴 촉수는 낮 동안 외부의
빛을 내부로 전달해 주며 밤 시간 동안 내부에 담아 둔 빛을 외부로
발산 시킨다. 내부 공간은 외부의 바람, 빛의 양에 반응하는 아크릴
섬모에 의해 민감하게 반응한다. 씨앗 6만 개의 픽셀로 구성된
파빌리온은 마이크로한 세계에서 매크로한 세상을 바라볼 수 있게
한다. 생명의 근원과 존중이 공존하며 그 안에서 나와 자연의 관계,
세계와 자연의 공존에 대한 진지한 성찰을 이끌어 낸다.[43]

　　2015년 밀라노 엑스포는 전 세계가 당면한 식량문제에 대한
자각과 대안을 모색하는 자리로 '삶의 에너지, 지구를 기르기Feeding
the Planet, Energy for Life'를 주제로 자연과 환경, 먹거리에 대한
지속가능성의 장을 마련하였다. 기존의 포괄적이고 심연한 주제로
부터 개개인의 식탁에서부터 대체식량(먹거리)에 이르기까지 피부에
와닿는 주제와 현실적인 문제들에 한층 가까이 다가갔다. 2015년
영국관은 예술가 볼프강 버트레스Wolfgang Buttress를 주축으로
구조 엔지니어 시몬드 스튜디오Simmond Studio와 건축집단BDP,
그리고 아이디어의 실질적 구현은 스테이지 원Stage One에 의해서

21
2015년 밀라노
엑스포의 영국관
<하이브>. 꿀벌의
수분활동 과정을
파빌리온에 담았다.
예술가 볼프강
버트레스를 비롯해
엔지니어 시몬드
스튜디오와 건축사무소
BDP, 스테이지 원의
긴밀한 협업으로
구현되었다.

이루어졌다. 인류가 의존하는 세계 100대 농작물 중 절반 이상이 꿀벌의 수분受粉 활동을 매개로 과실을 맺고 있으며 벌의 개체수 감소가 심각한 식량문제가 될 수 있다는 이야기를 근간으로 한다. 실제로 핸드폰의 전자파에 의해 꿀벌이 감소한 것은 주지의 사실이다. <하이브The Hive>는 단순한 벌의 개체 수 감소 자각이 아닌 벌의 여정을 체험하며 생태계 나아가 관람객에게 인류에 기여하는 꿀벌을 경험하게 한다. 과수원을 시작으로, 야생화 목초지, 하이브, 테라스까지 크게 네 개로 이어지는 구성은 꿀벌의 이동경로에 집중되어 있다. 무엇보다 관람객의 시선이 꿀벌의 눈높이에 맞춰져 꿀벌의 시선으로 자연을 바라보는 점이 흥미롭다. 전시관의 하이라이트인 18,000개의 알루미늄 구조로 겹겹이 쌓아 만든 32층 수직구조에서는 보이드에 서서 벌의 소리와 실제 벌집에서 수집한 벌의 움직임을 실시간으로 데이터화해 LED라이트로 보여 준다. <하이브>가 제공하는 아름답고 깊이 있는 경험을 통해 벌을 포함한 생태계 그리고 인간과의 관계를 되짚어 보고자 했다. 30톤이 넘는 거대한 구조체에서 인간은 잠시 겸손해지는 경험을 하지만 이는 앞으로도 자연을 대하는 자세로 지속할 수 있어야 할 것이다. 세계는 지금 저성장의 시대에 들어섰다. 종교 간의 분쟁, 국가간의 분쟁, 인간에 자연에 의한 재난에 사람들은 불필요한 희생을 당하고 있다. 자연 또한 인간의 욕망과 무지에 의해 훼손의 양상을 달리하며 우리 주위에 무심한 듯 관심을 기다린 지 오래다. 지금까지의 파빌리온이 인간의 내면에 대한 표현과 국가 및 단체의 표상적인 면이 부각되어 중심에 서서 빛을 발하는 방식이었다면, 지금 시대는 가장자리에서 어둠을 발견하며 소외된 사람, 손길이 필요한 자연, 근원에 대한 존중 등 마음을 공유할 수 있는 파빌리온을 필요로 한다.

김희정, 독립 큐레이터

김희정은 한국과 영국에서 건축을 공부하고 현재 독립 큐레이터로 활동 중이다. 건축이 도시와 대중들에게 일상화되어 스스로 외연을 넓히는 것들에 관심이 많다. 파빌리온은 그 고민의 씨앗으로 졸업 논문의 주제가 되었다. 공간, 도시, 기억을 키워드로 순간의 건축이 영원으로 기억되는 파빌리온에 관한 내용을 담은 <포스트 파빌리온: 이벤트 및 비엔날레에서 건축의 역할과 그 이후Post Pavilion: Roles of Architecture with memory in mega events>로 석사 학위를 받았다. 현재 국립현대미술관 젊은건축가프로그램 코디네이터로 활동하고 있으며 공동기획한 전시로 <어반 유토피안 리빙Urban Utopian Living>(aA디자인뮤지엄, 2013), <큐리어스 키친Curious Kitchen>(구슬모아당구장, 2014), <어반 매니페스토 2024Urban Manifesto 2024>(온그라운드 갤러리, 보안여관, 2014)전이 있다.

최장원, 건축사무소 건축농장 소장

최장원은 중앙대학교 건축학과와 컬럼비아 건축대학원을 졸업하고 2013년에 건축사무소 건축농장을 설립하여 디자인과 예술 분야에서 건축과의 소통방식을 탐구하고 있다. 국립현대미술관과 뉴욕현대미술관, 현대카드가 공동주최한 '젊은건축가프로그램' 첫번째 당선 작가(프로젝트 팀 문지방)로 선정되어 '신선놀음'(2014)이라는 파빌리온을 선보였다. 광화문 광장에 난민주간을 기념하기 위한 <점들의 이야기 축제>(2013)를 제안했으며, <재료의 건축/건축의 재료>(금호미술관, 2015)전에 파빌리온 작가로 참여했으며 <이영희 바람: 바램>(동대문디자인플라자, 2015)전 공간기획을 맡았다. <주말예술농장> 프로젝트로 2015 김수근건축상 프리뷰상과 문화체육관광부가 주관하는 <2015년 오늘의 젊은 예술가상 건축부문>을 수상하였다.

이탈리아 시에나 광장

베네수엘라 카라카스

<House of Vans>, 서울 DDP

<A Room for London>, 런던 퀸 엘리자베스 홀

<Nova Pavilion>, 뉴욕

도시에 저항하는 돈키호테

글. 송하엽

세종대로 한복판에 하루 종일 서 있다. 어떤 기분인가? 나를 제외한
일상의 굴레는 정신없이 돌아간다. 직장인들, 여행객들, 시내에
나들이를 나온 학생들, 경찰들 모두 다 목적 있는 일상을 살아가고
있다. 추수에 임박한 가을 들판에 하루 종일 서 있다. 어떤 기분인가?
나를 제외한 자연의 굴레는 정신없이 돌아간다. 살랑살랑 움직이는
벼이삭, 마른 논의 벌레들, 뒹구는 낙엽들, 모두 다 겨울을 나기 위해
분주하다.

　도시와 자연 모두 거대한 시스템이라면 우리네 개개인은 시스템의
연속과 발전에 개선을 통해서 일조할 것인가? 시스템에 저항을
통해서 새로운 코드를 열어 갈 것인가? 도시에 난무하는 다양한
목소리는 무엇으로 남아서 다른 사람이 들을 수 있을까? 정치와 문학
그리고 예술이 사람들이 기존에 살던 방식에 대해 질문을 던지며
새로운 화두를 이끌어 낸다면, 도시의 배경을 이루는 건물이 할 수
있는 것은 무엇일까? 건물은 사용이 더 중요하기 때문에 건축가의
표현의지는 드러나기 쉽지 않다. 건축가는 건축주가 원하는 사용성을
만족시킬 의무가 있으며, 건축가가 원하는 건물의 표현은 나름의
기준에 의해 구사한다. 거래의 시스템 안에서 건물의 작동시스템을
만족시키며 표현과 메세지라는 화두를 심어 놓는 것과 같다.

　도시에서 일정기간 설치되었다가 없어지는 파빌리온은 다른
건물에 비해서 자유롭다. 만국박람회의 파빌리온은 한 나라의 기술과
표현을 집약하고, 도시의 심장부에 일시적으로 설치되는 파빌리온은
익명적인 도시의 시스템과는 다른 색다른 감정을 유발하는 장치로서,
때로는 돈키호테 같은 익살스런 무모함을 드러내기도 한다. 표현의
수단이 되기도 하고, 저항의 매개체가 되며, 재난이 있을 때 사람들을
돕는 틀이 되기도 한다. 파빌리온은 자연과 도시 시스템의 흐름 속에
생기지 않는 창조적인 행위를 유발하며 도시에 여러 감정을 채운다.

"예술의 영역에 설치예술Installation Art이 있듯이 건축의 영역에도 설치건축Installation Architecture이 있으며, 대형 랜드마크 대신에 초소형 랜드마크가 있다. (…) 도시의 '게릴라적인' 초소형 랜드마크는 공동화된 공공영역의 공극을 메꾸면서 시민들의 창조적 행위를 유발하여 도시 재생을 이끌 것이다. 파빌리온과 같은 작은 랜드마크의 유희성과 도시에서 의미 충만한 현상을 창출하는 윤리적 코드는 상생하여야 한다."

송하엽, <랜드마크; 도시들 경쟁하다>에서

예술의 형식은 다양하지만 그중 설치예술은 회화로 시작한 예술에 주어진 세팅과 제도를 벗어나는 쪽으로 진화하였다. 유희에서 시작하여 지성적 즐거움을 주는 환경을 창조하는 것으로 발전한 것이다. 앞서 논한 가설건축이나 건축은 그 반대이다. 건축은 특정 기능을 위한 구조물에서 유희적 창조물로 바뀌어 가고 있다. 대형 랜드마크가 아닌 거리에서 느낄 수 있는 작은 랜드마크는 일상적인 가로환경과 다른 창조적 행위를 유도할 수 있는 공공 장치이다. '게릴라적인'이란 의미는 무엇일까? 이미 짜여진 도시 조직에서 사적 공간은 점점 더 접근불가해지고, 권위적인 공적 공간은 충분한 창조적인 행위를 유발하지 못하였다. 이런 현상을 극복하는 실험으로 광주에서는 기존 도심에 폴리를 설치하여 새로운 공적 장치를 만들기도 하였다. (하지만 시민의 반응 면에선 그리 성공적이지 않았다). 건축가들은 도시 곳곳에서 파빌리온을 만들고자 한다. 우리나라의 공공건축은 국가와 지자체 등 큰 규모로 무겁게 출발하여 창의적인 측면이 부각되기 어렵다. 이런 공공건축의 변화는 느리며, 창조적 즐거움을 주기에는 여러 조건에 얽매여 있다. 이 틈새에서 '게릴라적인' 창조적 행위가 개입될 수 있다. 작은 공공조직으로 하여금 변화를 유발하는 촉매가 되는 파빌리온은 작은 랜드마크이다.

파빌리온은 도시에 착생한다

파빌리온은 어떻게 도시에 자립매김 할까? 파빌리온은 도시를
더 낯설게 만들 것인가, 혹은 더 익숙하게 만들고 있는가? 도시에
새로운 요소가 더해지는 것이므로 그것을 생명체로 여겨 해석하는
것도 유효하다. 도시의 배경을 이루는 익명적인 건물이 땅에 뿌리를
내린 나무와 같다면, 가건물 같은 파빌리온은 뿌리를 내리지 못한
착생식물이다. 이끼와 같은 착생식물은 땅에 뿌리를 내리지 않고
공기나 돌에 뿌리가 노출되어 양분을 얻으며 생명을 유지한다. 이끼는
땅과 나무가 이루는 군집에 자연스럽게 녹아들며 때로는 신비한
분위기를 만든다. 착생식물이 생태환경의 창조적 생명력을 보여
주듯이, 파빌리온은 도시 삶의 생명력을 작동시킨다.

그러나 우리나라의 경우 한국전쟁 이후 복구와 개발 광풍에서
파빌리온과 같은 가건물은 정치적인 슬로건과 부동산 개발의
전시행정으로 이용되어 왔다. 정권탄생의 기념, 엑스포에서 국격의
표방, 전시를 위한 개발 등 파빌리온은 선전의 도구였다. 그러나
파빌리온은 현대에 들어 광주의 경우처럼 민주화항쟁 이후 잊힌
도시의 의미를 다시 살리는 장치로 이용되었으며, 최근에는 신축
공간이 부족한 도심에서 새로운 도시 분위기를 만드는 장치로
이용되어 젊은 건축가들이 실험할 수 있는 기회가 되곤 한다. 이전
세대들이 재건과 개발의 코드로 만든 도시의 결핍을 채울 수 있는
작지만 의미있는 장치인 파빌리온은 도시에 저항하며 도시를 살린다.

파빌리온에서 건축가들은 사람이 사는 건물에서 쉽게 하지 못하는
건축적 실험을 감행한다. 미스의 <바르셀로나 파빌리온>이 근대건축
공간에 대한 포석을 보여주었듯이, 엑스포 파빌리온들은
각 나라의 기술과 건축적 개념을 내세웠다. 제1차 세계대전 이전의
러시아 건축도 파빌리온과 선전탑에서 기술적인 진보와 정치적인
의미까지 선전하였다. 제2차 대전이나 오일쇼크 때까지 파빌리온은

엑스포 건축 안에 그 의미가 주로 머물러 있다가, 베르나르 추미의 <라 빌레트 공원> 폴리 이후 건축의 실험과 미학적 향유의 대상이 되기 시작하였다. 2000년부터 런던의 여름을 달구고 있는 서펜타인 파빌리온도 다른 나라 건축가의 작품을 런던 시민에게 보여 준다는 목적이 있으며 매해 세계 건축 스타의 건축적 실험도 흥미를 더한다. 2015년 상반기 이탈리아 막시MAXXI에서 진행된 <FOOD>전에서도 음식을 만들고 먹기 위한 가설적 세팅을 보여 주었다.

파빌리온이 도시에 착생하기 위해선 그 사회와 지역에 결핍된 무언가를 보상하는 방식이어야 한다. 한 걸음 한 걸음 과정에 이르는 가설 구조의 일시적인 점유를 통해 우리 도시를 테스트하는 것인지도 모른다. 도시의 건물과 거리가 주어진 맥락과 조건이라면, 파빌리온을 비롯한 가건물들은 기존 도시에 없는 새로운 감정과 이벤트를 제공한다. 감정이 메마른 익명의 도시에 파빌리온은 빈 구석구석에 파고들어가 새로운 감정을 만들 수 있다. 사적인 개발과 재생이 도시를 새롭게 만들어 왔다면, 작가정신이 살아있거나 공공의 용도로 쓰이는 파빌리온은 새로움만이 충족시키지 못하는, 도시의 어두운 면까지 따뜻하게 어루만질 수 있는 감정의 영역을 충족시킬 것이다. 도시는 새로운 것으로만 개발되는 것도 아니며, 오래된 것만 간직한다고 해서 재생이 이루어지는 것이 아니다. 손쉽게 계산할 수 없는 고도의 복합적인 인자에 의해 도시는 다양해지는 것이다.

도시에서 자연스럽게 일어나는 착생은 무엇을 가르쳐 줄까? 그 어떠한 건축적 새로움에 의한 건설에도 불구하고, 도시에 남게 되는 인간의 행위들은 목적 있는 보행의 패턴들이었다. 지속적으로 발현되는 행위의 궤적들이 남아 건축 환경을 좋게든 싫게든 착생시켜 왔다. 그러나, 이것도 단지화된 고층아파트나 관리용역과 같은 굳어진 체계가 생기기 이전의 일이다. 우리 모두 정의롭게 살기 위해 만들어진 공간에 대한 관리가 제3자에 의해 이루어지면서 자연스러운 착생은 거세되었다. 새로운 건축적 환경은 모든 것이 제어되는 환경을 종종 스스로 만들기 때문에 도시는 스스로 숙성하지 않는다.

파빌리온과 같은 가건축은 시스템화되어 제어되는 환경에 착생할 수 있는 유일한 구조체일지 모른다. 자연스러운 착생에 비견할 수는 없으나, 자연스러움 이상 경이로움을 낳을 수 있는 충분히 예측이 가능한 가건물일 수 있다. 이렇게 만들어진 파빌리온을 통해, 우리는 통제가 완벽히 이루어지지 않은 상태의 느슨한 편리와 아름다움을 볼 수 있다. 파빌리온은 완벽히 예측 가능한 건조환경 안에서 예측이 불가능한 상태를 이끌어 내는 돈키호테와 같은 존재이다.

도시가 아닌 자연에서 이런 측면은 더 생생하게 드러난다. 2004년에 영국왕립건축협회와 영국남극조사소British Antarctic Survey가 공동으로 새로운 기지설계를 공모하여 페이버 몬셀 앤 휴 브로튼 아키텍츠Faber Maunsell & Hugh Broughton Architects가 제출한 설계안이 선정되었다. <핼리Halley>라 불리는 설계안의 특징은 적설로부터의 피해를 막기 위해 여러 개의 다리 위에 기지를 구축하는 형태로 설계되었으며, 정기적인 위치 이동을 위해 각 다리에는 스키가 달려 있다. 여름 평균 기온은 영하 5도, 겨울은 영하 30도의 극한조건에서 기지 건설은 어렵다. 강한 폭풍설과 풍적설로 건물은 계속 눈 속에 묻히게 되고, 계속되는 빙붕의 이동으로 건물의 기초 유지에도 문제가 많았다. 사실 기지 건물은 1967년, 1973년, 1983년, 1992년, 2013년에 각각 새로운 기지로 대체되었다.

초기의 오두막의 형태에서 1983년의 튜브형 구조까지 점진적인 발전을 하였지만 대부분 눈에 묻히게 되어 지속가능하지 않았다. 1992년의 <5세대 핼리>에서는 이 점을 극복하기 위하여 모듈을 이용하여 필로티로 건물을 빙붕 위에서 뜨게 만들었지만, 곧 눈바람에 의해 건물 아래에 눈이 적설되어 눈을 치워야 하는 어려움에 직면하였다.

2013년 <6세대 핼리>의 기본 개념은 빙붕의 이동성을 극복한
스키발 구조ski base structure를 채택한 것이 가장 큰 특징이다. 스키발
구조는 기지가 수시로 움직이는 빙붕 위에 건설되고 눈이 쌓이므로,
사태가 벌어지기 전에 불도저로 기지를 견인하여 스키발을 이용하여
이동할 수 있게 한 구조이다. 기둥 높이도 유압식으로 변하며
불규칙적인 빙붕 높이에 대응하도록 하였다. 1967년부터 남극의
거친 자연환경에 대응하는 방법을 연구하여 6세대에서는 움직이는
도시와 같은 개념으로 기지를 만든 것으로 마치 파빌리온과 같은
가설구조를 적용한 것이다. 풍차를 향한 돈키호테의 공격이 시스템을
향한 도전이었다면, <핼리>의 변천사는 자연을 향한 저항이 돋보인다.
가건물은 그 특유의 이동성을 잃지 않으며 진화한 것이다.

6세대 핼리
페이버 몬셀 앤 휴
브로튼 아키텍츠, 2013
남극대륙에 설치.

파빌리온은 도시에 새 옷을 입힌다

이탈리아의 시에나 광장은 일년에 한 번씩 폴리오polio 축제를 위하여
중세에 이미 입면이 정리된 건물들의 창에 이탈리아 여러 도시들의
상징색으로 형형색색의 휘장을 드리운다. 각 도시 상징색으로 옷을
입은 자키jockey들이 말을 달리는 시합을 한다. 일 년에 한 번 장이
서는 형국이다. 설빔이나 추석빔을 입은 것처럼 평범했던 도시는
새 옷을 입은 듯 변한다. 축제는 일상과 대별되어 삶의 순환을
생각하게 한다.

도시의 공의를 발현시키는 새 옷이 현대에는 어떻게 구현이 될까?
광화문 광장에는 새로운 이벤트를 위한 천막이 연이어 둘러지며
볼거리가 만들어진다. 행사는 끊이지 않고 계속된다. 장이 서는 것과
같은 축제적 풍경이지만 거의 매일 서 있는 모습이 그리 반갑지 않은
이유는 삶의 방식이 그리 달라지지 않을 것 같기 때문이다.

파빌리온이 도시의 새 옷이 되는 방식은 더 이상 가설건축이
제공하는 축제와 같은 경험만이 아닐지도 모른다. 파빌리온이 담는

'의미충만한 현상Saturated Phenomena'이 관건이다. 2014년에 들어선
동대문디자인플라자DDP의 둘레길과 조경공간에는 국적불명의
조형물과 캐릭터 인형들이 장소의 썰렁함을 채우고자 주섬주섬
길목에 자리 잡았다. 추상적인 건물의 모습과 어울리지 않는 놀이동산
같은 모습은 그다지 감동을 주지 못했다. 이런 현상을 극복하기
위하여 <꿈주머니> 프로젝트는 10개의 키오스크를 대지 곳곳에 지은
것이다. 국제적인 건축가들과 국내 유수 건축가들이 이 프로젝트를
설계했지만, 가정했던 용도에 맞추어 운영하기 쉽지 않은 상태이다.
DDP 내부의 전시 프로그램과 궤를 맞추기도 외부에 운영을
맡기기도 쉽지 않으며, 현재 10개의 <꿈주머니>에서 몇 개만 용도를
찾아 사용되고 있다. 반면에 최근에 벌어진 스트릿마켓 행사에서는
지상으로 올라가는 경사로에 비계를 이용하여 멋진 행사장을
만들었다. 며칠간의 장터였지만 동대문디자인플라자의 건축적
풍경을 잘 살린, 동대문 시장의 DNA가 제대로 이식된 모습이었다.
　　이제 중요한 것은 파빌리온에 담을 내용이다. 가설 건축이 더불어
사는 삶의 방식에 새로운 태도를 보여 주는 장치로 역할이 가능할까?
최근 노들섬을 변모시키는 운영공모 및 설계경기 작업에서 흥미로운
점은 콘텐츠와 운영주체를 먼저 선정하는 운영공모부터 진행한다는
점이다. 동대문디자인플라자와 세빛섬이 구체적인 콘텐츠 없이
만들어졌다하여 여론의 뭇매를 맞았던 상황을 피하려 한 듯하며,
또한 그 동안 무분별하게 만들어졌던 전시관, 체험관 등의 적자운영
상태가 반면교사가 되었을 것이다. 전시에 치우쳐 제대로 운영하는
프로그램을 만들지 못한 결과이다. 또한 여수 엑스포 대지 내의
건물들도 엑스포 이후에 기능이 다한 건물은 철거해야 하지만 충분히
가설건축이지 못해서, 지금은 치우지도 않고 엑스포의 여운을 느끼는
곳으로 변모하였다. 만국박람회는 끝났지만, 남아 있는 수족관,
국제관, 주제관 등과 놀이시설이 결합되어 공간이 유지되고 있다.

공공과 민간의 애매한 합작의 상태가 관광의 코드 아래 정신없는
곳으로 탈바꿈되어 있다.

　메마른 도시에 감성을 채우기 위하여 파빌리온은 순수해야
할 것이다. 돈키호테도 기사도에 빠져 세상을 쉽게 보고 단순하게
대응하였지만, 그 의미는 나름 심장하였듯이, 집이 아닌 가설건축은
순수해야 할 필요가 있다. 권위의 표현, 은둔자의 오두막, 애정 확인의
장소, 만국박람회의 공간, 예술가들의 실험체, 또는 기능 없는 공간
등등 순수하게 그 기능과 더불어 그린 감성이 오롯이 전달되어야 할
것이다. 우리의 기억에 남는 파빌리온은 일상에 대한 작지만 창조적인
반기를 통하여 한 장소의 감정과 의미를 구체화한 것들이기 때문이다.

주석

1
『읍지』에서 정자에는 정후亭, 당堂, 실室, 암庵, 사숨와 서당, 서재, 별장의 건물들을 지칭하는 것들을 포함한다. – 윤일이, 「조선중기 영·호남사림 누정건축의 유교적 토착화」, 『대한건축학회지』 23(3), 2007, 153쪽

2
김용기, 이재근, 「조선시대 정자 원림의 지역적 특성에 관한 연구」, 『한국전통조경학회지』 10(1), 1992, 19쪽

3
윤일이, 「조선중기 호남사림의 누정건축에 관한 연구」, 『대한건축학회』 22(7), 2006, 156쪽

4
임의제, 『조선시대 서울 누정의 조영 특성에 관한 연구』, 서울시립대학교 석사학위논문, 1994, 2쪽

5
소현수·임의제, 「지리산 유람록에 나타난 이상향의 경관 특성」, 『한국전통조경학회지』 32(3), 2014, 139~153쪽

6
산재해있는 경물들을 집적한다는 '집경集景', 여러 경관들을 한 곳에 모은다는 '취경聚景', 자연의 경관을 잡아당기는 '읍경揖景', 경관을 두르듯이 입지시킨다는 '환경環景' 등 아무것도 하지 않은 듯한 누정에도 무위의 정원을 형성하는 구체적인 기법이 존재한다. – 정무룡, 「면앙정삼십영 일고」, 『한국시가연구』 27, 2009,

74쪽; 안계복, 「한국의 누정양식상 제특성 및 계획이론에 관한 연구」, 『한국조경학회지』 19(2), 1991, 4~5쪽

7
당시 선비들에게 ~경景과 ~영詠은 동일하게 여겨졌다.

8
소현수, 「차경을 통해 본 소쇄원 원림의 구조」, 『한국전통조경학회지』 29(4), 2011

9
『문학사상』 2004년 2월호

10
판잣집은 광복 후, 즉 1946년부터 1947년에 걸쳐 이북에서 내려온 피난민들이 임시적인 거처로 활용하기 위하여 미군들이 진주시에 가지고 들어온 라왕, 마속 등의 목재조각과 루핑, 깡통 등을 이용하여 바락크 집을 짓기 시작한 것이 그 유래가 되었다. – 이소정, 「판자촌에서 쪽방까지: 우리나라 빈곤층 주거지의 변화과정에 관한 연구」, 『사회복지연구』 29, p. 173 재인용

11
조건영, 「달동네는 합리적 건축공간」, 『한겨레』, 1988.12.20 재인용

12
『워싱턴 포스트』의 칼럼니스트 벤자민 포기는 1988년 8월 30일 기사에서 서울에서 가장 건축적으로 볼 만한 장소는 달동네라고 설명하기도 했다. 달동네가 보여 주는 도시 풍경은 많은 예술가들에게 영감을 준다. 사진작가

250

안세권, 강홍구 등은 이런 버려진
장소의 이면들을 포착했다. 건축가
승효상의 건축 철학인 '빈자의 미학'도
금호동 달동네의 공동마당과 우물 등의
풍경에서 비롯되었다.

13
「이동시청 등장, 현지민원처리 부산서
시장출장」, 『경향신문』, 1963.7.17

14
「서독정부기증 여의도 '쿤스트디스코'」,
『매일경제』, 1988.6.13

15
「서독정부기증 여의도 '쿤스트디스코'」,
『매일경제』, 1988.6.13

16
「독 전위예술 잔치 8일 개막」,
『경향신문』, 1988.9.5

17
정기용, 「쿤스트 디스코, 콘크리트 공간
속의 깃털 같은 시어」, 『공간』, 1988.9

18
「신건축기행/신대방동 쿤스트디스코」,
『매일경제』, 1997.11.7

19
「정윤수의 종횡무진 공간 읽기9,
아파트 모델하우스 욕망의 전시장,
간절한 꿈의 신기루」, 『신동아』,
2010.3.25

20
운생동건축사무소

21
'Lieux'라는 프랑스어는 지금 우리말로
'터' '터전', '장소', '장場'으로 약간씩
다르게 번역되고 있지만, 이 글에서는
개인의 기억, 집단 기억, 그리고

역사의 상호 관계를 강조하는 의미로
'장場'으로 쓴다.

22
정지영 外, 『동아시아 기억의 장』,
삼인, 2015

23
폴리Folly라는 단어는 원래 '의미 없는',
'어리석은', '규모만 크고 실속이 없는
건축'이라는 뜻으로 '어리석은 투자'를
뜻하기도 한다. 들어가서 살 수 없는
건축물이니, '바보 같은'의 뜻으로
쓰이기도 한다. 우리말로 하면 '아무
생각 없는 구조물' 정도라고 생각하면
된다. 그런데 동아시아 철학에서 '아무
생각 없는 상태'는 가장 좋은 상태다.
『중용』에서는 희로애락喜怒哀樂이
생기지 않는 상태를 '중中'이라고 한다.
도교에서도 비어 있기 때문에 끝없이
채울 수 있는 가능성으로 충만한
상태를 '공空'이라고 한다.
즉 공空이란 'Self-Identity'가 없는
상태를 가리킨다. 그런 의미에서 폴리는
아무 의미가 없으므로 끝없이 어떤
의미들이 붙을 수 있는 구조물이라고
정의할 수 있다.

24
'빨갱이'라는 매도와 비난의 기호는
1940년대 후반부터 제주 4.3항쟁과
관련한 사건들을 통해 먼저 증식한다.
1948년 점령국인 미국이 남한만의
단독선거를 강행하려고 한 것에 항의해
제주도에서는 남조선 노동당의 조직
지도와 함께 반란이 일어났으며,
섬에 있던 많은 이들은 몸을 피해
한라산으로 숨어들기도 했다. 당시

군과 경찰, 민간 테러 단체에 의한 학살
행위가 섬의 여기저기에서 일어났는데,
이때 구축된 적의 상이 '아카', 즉
'빨갱이'다. – 정지영, 이타가키 류타,
이와사키 미노루 편저,『동아시아
기억의 장』, 삼인, 2015

25

그곳에는 사유재산도 없었고, 목숨도
내 것 네 것이 따로 없었고 시간 또한
흐르지 않았다. 그곳에는 중생의
모든 분별심이 사라지고 개인들은
융합되어 하나로 존재했고 공포와
환희가 하나로 얼그러졌다. 그곳은
말세의 환란이었고 동시에 인간의
감정과 이성이 새로 태어나는 태초의
혼미였다. 그런 곳은 실제로 이 땅에
있었고 많은 사람들이 거기에 있었다.
– 최정운,『오월의 사회과학』(註
90에서 재인용)

26

김형중,「금남로, 텅 빈 절대공동체의
중심」,『대산문화』57호

27

광주에서는 정부가 아시아문화
중심도시 조성사업의 일환으로
추진되고 있는 '아시아문화전당'
건립으로 인해 5.18민주화운동의
역사적 유물인 '옛 전남도청'이 철거될
위기에 놓여 있다. (중략) 도대체 '옛
전남도청'은 어떤 곳일까? 1980년
12.12쿠데타로 실세를 장악한 신군부
세력이 비상계엄을 전국으로 확대하고,
학생운동 지휘부와 김대중을 비롯한
주요 인사들을 체포, 구속하였다.
이에 반해 광주에서는 대학생들이

비상계엄 반대와 김대중 석방을
요구하였고, 이로 인해 신군부는
계엄군을 파견해 무차별 진압을
가했다. 이에 분노한 광주시민은
거리로 쏟아져 나왔고, 시위는 더욱더
확대되었다. 이에 당황한 계엄군은
시위대에 무차별 사격을 가했다.
이에 맞서 광주 시민들은 경찰서를
털어 무장하고, 시민군을 조직한다.
그리고 광주 도청을 사수하게 된다.
그러나 병력을 강화한 계엄군은
광주 외곽을 원천봉쇄하고, 다시,
광주로 향한다. 완전히 광주시민들을
싹쓸이 하러 가는 것이다. 그 순간
마지막 최후의 격전지로서 계엄군에
저항하다가 하나둘 죽어간 곳이
바로 '옛 전남도청'이다. 결국
5.18민주항쟁은 열흘 만에 막을
내렸다. 그러나 그 영향으로 인해
6월항쟁 때 정부가 쉽게 무장진압을
할 수 없게 되고, 결국 민주화를
이루는 데 큰 영향을 끼치게 되는
것이 5.18민주화운동이고 그 최후의
격전지가 바로 '옛 전남도청'이다. –
『오마이뉴스』, 2009.7.22

28

공간은 시간이 배제된 장소다(물론
개념상 그렇다는 말이다). 그리고
장소는 시간이 개입된 공간이다.
공간은 시간이 배제되어 있으므로
선후가 없다. 우리 인식 속에서도,
어떤 공간이 마음에 들고 아니고는
그래서 아주 자의적인 것이다. 그럴 때
우리는 공간이라고 말한다. 왜냐하면
시간이 빠져 있으므로 논리적인 증명이

필요 없어지기 때문이다. 그러나
장소에는 반드시 시간이 작용한다.
거기에는 시간과 함께 우리가 같이
지내온 추억이나 때 같은 것이 묻어
있다. 그래서 논리적 인과가 정확하게
작용한다. 시간 때문이다.
그러나 시간이 개입되었다고 장소가
끝까지 장소로 남는 것은 아니다.
모헨조다로의 유적이 그 누구에
의해서도 발견되지 않았고, 거기에
누구도 발을 들여 놓은 사람이 없다고
가정해 보자. 그러면 모헨조다로의
장소는 우리의 인식 속에서 사라져
버린다. 그러면 장소는 다시 공간이
된다. 그럴 수 있는 이유는 역시
시간이라는 특수한 물리적 사건에서
비롯된다. – 함성호, 「공간과 시간
그리고 장소; 시적 사건에 대하여」

29
정헌목, 「전통적인 장소의
변화와 '비장소non-place'의 등장」,
『비교문화연구』 19(1), 2013,
107~141쪽

30
박씨가 시위에 동원한 한 평 남짓의
사각큐브 조형물이 세워진 곳은
광주폴리 작품 중 하나인 '99칸'
아래. 이곳에서 시위 이틀째인
12일 광주폴리 유지 · 관리 담당자가
현장을 방문해 박씨에게 철수 압박을
가하면서 문제가 불거졌다. 광주폴리
담당자는 박씨에게 "유명 작가의
작품(광주폴리) 밑에서 이게 무슨
상황이냐"고 지탄하고 "(시위하는
것이) 광주폴리라는 광주의 자산을

보기 싫게 만드는 꼴"이라며 시위
철수를 요청하고 나섰다. 2011년에
광주시내에 등장한 '광주폴리'는 4회
광주디자인비엔날레의 일환으로
기획된 도시공공시설물의 디자인이다.
광주폴리 1탄 작품 중 하나로
기획된 '99칸'은 미국의 건축가 피터
아이젠만이 광주문화풍경을 지향하며
제작했다. 광주폴리 담당자에 따르면
광주폴리부서에서 폴리 작품 주변에
설치된 CCTV를 통해 박 씨가 시위
중인 것을 확인하고 철수 지침을
내렸다. 이에 박씨는 "이미 동부경찰서
등에 집회 신고를 한 상태"라며 문제될
게 없다는 입장을 밝히고 "광주폴리
작품에 해가 되거나 통행에 지장을
주지 않도록 주의하고 있다."며
물러서지 않겠다는 뜻을 밝혔다. 이날
있었던 잠깐 동안의 실랑이를 지켜보던
한 시민도 안타까운 심경을 토로하고
나섰다. 그는 "작가(나사박)가 자신의
입장을 밝히려 고군분투 중인데
광주문화를 선도한다는 비엔날레
측에서 이를 막고 겁박하는 것으로밖에
보이지 않는다"며 "특히 광주폴리는
시민들에게 열린 공간이어야 할 텐데
아픈 작가(나사박)을 내쫓으려는 건
무슨 의도가 있는지 모르겠다."고
말하기도 했다. –『광주드림』,
2015.8.13

31
Le Petit Journal Supplement Illustre,
16 December, 1900

32
대한제국관의 건축적 특성에 관한

상세한 논의로는 다음의 글을 참조.
Hyon-Sob Kim(December
2010), "The appearance of Korean
architecture in the modern West,"
Architectural Research Quarterly
14:4, pp. 349~361

33
김원, 「현대문명의 가장무도회」,
『공간』, 1969.5, 27쪽

34
'모두의 집'은 이토 도요, 세지마
가즈요, 구마 겐고, 야마모토 리겐 등
일본을 대표하는 건축가들이 중심이
되어 대지진과 해일 피해를 입은 지역을
원조하는 협동 건축 프로젝트이다.
2015년 7월 기준으로 총 11개의
파빌리온이 피해지 곳곳에 세워졌고
앞으로도 모금 상황에 따라 프로젝트가
계속될 예정이다. '모두의 집' 연작 중
가장 잘 알려진 것은 2012년 베니스
비엔날레 황금사자상을 수상한
리쿠젠타카 시에 세워진 파빌리온이다.

35
Nicolas Bourriaud, *Relational
Aesthetics*(Dijon, France: Les Presses
du Réel, 2002), p. 14; Rosalind Krauss,
Sculpture in the Expanded Field,
October, Vol. 8(Spring, 1979),
pp. 30~44

36
Hamid Naficy(ed.), *Home, Exile,
Homeland: Film, Media and
the Politics of Place*(New York:
Routledge, 1998), p. 6

37
Adrian Heathfield(ed.),
Art and performance LIVE
(New York: routledge), 2004, p. 147

38
Dan Graham, *Two-Way Mirror Power*
(Cambridge, MA: MIT Press),
1999, p. 59

39
Ruth Eaton, *Ideal cities: Utopianism
and the(Un)built environment*, p. 138

40
수잔 벅 모스, 『꿈의 세계와 파국: 대중
유토피아의 소멸』, 경성대학교출판부,
2008, 88~89쪽

41
황수현, 「공공미술의 실태, 또
벽화마을이냐 … 다양한 장르 많은데
벽칠 '일색'」, 『한국일보』, 2014.1.25

42
박치원, 「삽화로 그려졌던 요상한
건물이 MVRDV에 의해 한 나라를
상징하는 파빌리온으로」, 『유로저널』,
2011.12.7

43
김주원, 「생명 퍼뜨리는 홀씨처럼 …
마음속 이상향 오르듯」, 『한겨레』,
2010.10.22

도판 출처

표지 ©George Rex; 1 3 5 7 노경 사진; 20(위) 소마미술관, 백한승 사진; 20(아래) 염상훈; 22(위) 운생동건축사무소; 22(아래) 국립현대미술관, 슈가솔트페퍼 사진; 24(위) 매스스터디스; 24(가운데) IVAAIU; 24(아래) 김제민; 26(위) 국립현대미술관, 김용관 사진; 26(아래) 중앙대학교 건축학과; 40 Wikimedia Commons, Jorge Royan; 43(위) 이미자; 44 제주브레이크뉴스(본태박물관 소장); 46 colstonhall.org; 51(위) University of Hawaii Press; 51(아래) ©Richard Croft; 53(위) Wikimedia Commons, Bede735; 54 Wikimedia Commons, Nilfanion; 58 Wikimedia Commons, Elring; 61(위) Le Forum de Marie-Antoinette; 63 Wikimedia Commons, Jean-Marie Hullot; 66 대안건축연구실(Alternative Architecture Lab); 69 Exhibitiondesignlab; 70(위) Wikimedia Commons, Richie Diesterheft; 70(아래) ESPOARTE; 72(위) Wikimedia Commons, Latefa Benzakour; 72(아래) 안양공공예술프로젝트 홈페이지; 85 89 90 93 94 95 99 소현수; 104 『다시 찾은 청계천』, 서울역사박물관; 106 『서울시정사진총서 3, 4』, 서울역사박물관; 109 김두호 사진; 110 김두호 사진; 113 국립현대미술관 미술연구센터 정기용 컬렉션(김희경, 정구노 기증); 114 국립현대미술관 미술연구센터 정기용 컬렉션(김희경, 정구노 기증); 118 운생동건축사사무소, Sergio Pirrone 사진; 120(좌) 노경 사진; 120(우) 노경 사진; 120(아래) HKWN; 130 경향신문사; 133 136 138 광주비엔날레재단; 151(아래) Wikimedia Commons, Ashley Pomeroy 152 Wikimedia Commons, Rith; 155 Wouter Hagens; 163 Wikimedia Commons, Takato Marui; 167(위) chulsa.kr; 173 Wikimedia Commons, Hu Totya; 175 Yann Caradec 사진; 178 kurimanzutto.com; 181 Marina Abramovic Archives; 186 경기도미술관; 189 국립현대미술관, 진효숙 사진; 191 Dia Art Foundation, Bill Jacobson 사진; 199(위) Serpentine Gallery, Hélène Binet 사진; 199(가운데) 199(아래) Serpentine gallery; 200 Serpentine gallery, Iwan Baan 사진; 204 Iwan Baan; 207 안양공공예술프로젝트, 홍철기 사진; 209 Gerry Johansson; 212(아래) saradowledesign.blogspot.kr; 214 215 프로젝트 팀 문지방; 218(위) 이재성 사진; 218(아래) 신경섭 사진; 221(위) Wikipedia, Axel Hindemith; 224 flicker.com, Christopher Prentice 사진; 228 Wikimedia, Ciocci 사진; 230 ©Jonas Bendiksen / Magnum Photos; 232 DDP; 234 Living Architecture, William Eckersley 사진; 236 공주희 사진; 244 British Antarctic Survey

파빌리온,
도시에 감정을 채우다

파레르곤 포럼 기획
송하엽, 최춘웅, 김영민, 소현수, 정다영, 조수진, 함성호,
조현정, 이수연, 김희정, 최장원 지음

제1판 2쇄 2016년 03월 04일
제1판 1쇄 2015년 12월 30일

● ㅎ
　ㅗ ㅅㅣ
　ㅇ

발행인　　홍성택
기획편집　조용범, 김은현
디자인　　박고은
마케팅　　김영란
인쇄제작　정민문화사

(주)홍시커뮤니케이션
서울시 강남구 봉은사로74길 17(삼성동 118-5)
t. 82.2.6916.4481 f. 82.2.539.3475
e-mail. editor@hongdesign.com blog. hongc.kr

ISBN 979-11-86198-14-8 03540
이 도서의 국립중앙도서관 출판예정도서목록(CIP)은 서지정보유통지원시스템
홈페이지(http://seoji.nl.go.kr)와 국가자료공동목록시스템
(http://www.nl.go.kr/kolisnet)에서 이용하실 수 있습니다.
(CIP제어번호: CIP2015032612)